故宮裏的大怪獸

MONSTERS IN THE
FORBIDDEN CITY

6 神仙院

常怡 ✱ 著

中 華 教 育

故宮裏的大怪獸 ❻

❀ 神仙院 ❀

常怡／著
廖廖鹿／繪

責任編輯　楊歌
裝幀設計　陳淑娟
排版　陳先英
地圖繪製　蔣和平
印務　劉漢舉

出版　**中華教育**

香港北角英皇道四九九號北角工業大廈一樓B
電話：（852）2137 2338
傳真：（852）2713 8202
電子郵件：info@chunghwabook.com.hk
網址：http://www.chunghwabook.com.hk

發行　**香港聯合書刊物流有限公司**

香港新界大埔汀麗路三十六號
中華商務印刷大廈三字樓
電話：（852）2150 2100
傳真：（852）2407 3062
電子郵件：info@suplogistics.com.hk

印刷　**美雅印刷製本有限公司**

香港觀塘榮業街六號海濱工業大廈四樓A室

版次　**2020年1月第1版第1次印刷**
©2020 中華教育

規格　**32開（210mm×153mm）**

ISBN　**978-988-8674-69-5**

李小雨

十一歲,小學五年級。因為媽媽是故宮
文物庫房的保管員,所以她可以自由進
出故宮。意外撿到一枚神奇的寶石耳環
後,發現自己竟聽得懂故宮裏的神獸和
動物講話,與怪獸們經歷了一場場奇幻
冒險之旅。

梨花

故宮裏的一隻漂亮野貓,是古代妃子養
的「宮貓」後代,有貴族血統。她是李
小雨最好的朋友。同時她也是故宮暢銷
報紙《故宮怪獸談》的主編,八卦程度
讓怪獸們頭疼。

楊永樂

十一歲,夢想是成為偉大的薩滿巫師。
因為父母離婚而被舅舅領養。舅舅是故
宮失物認領處的管理員。他也常在故宮
裏閒逛,與殿神們關係不錯,後來與李
小雨成為好朋友。

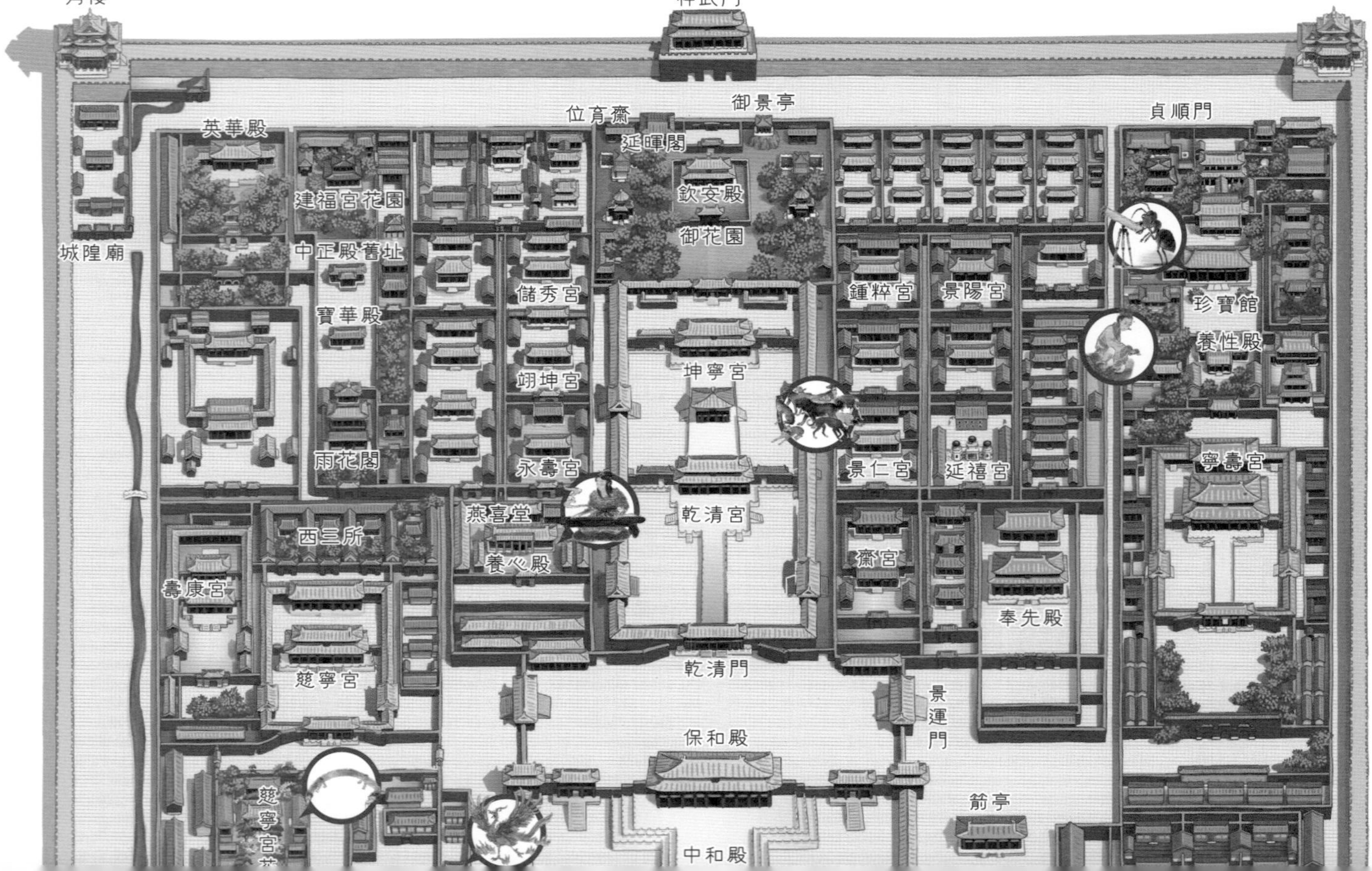

角樓
神武門
角樓
御景亭
位育齋
貞順門
英華殿
延暉閣
欽安殿
建福宮花園
御花園
城隍廟
中正殿舊址
儲秀宮
鍾粹宮
景陽宮
珍寶館
寶華殿
養性殿
坤寧宮
翊坤宮
雨花閣
永壽宮
景仁宮
延禧宮
寧壽宮
燕喜堂
乾清宮
西三所
養心殿
齋宮
壽康宮
奉先殿
乾清門
慈寧宮
景運門
保和殿
慈寧宮花
箭亭
中和殿

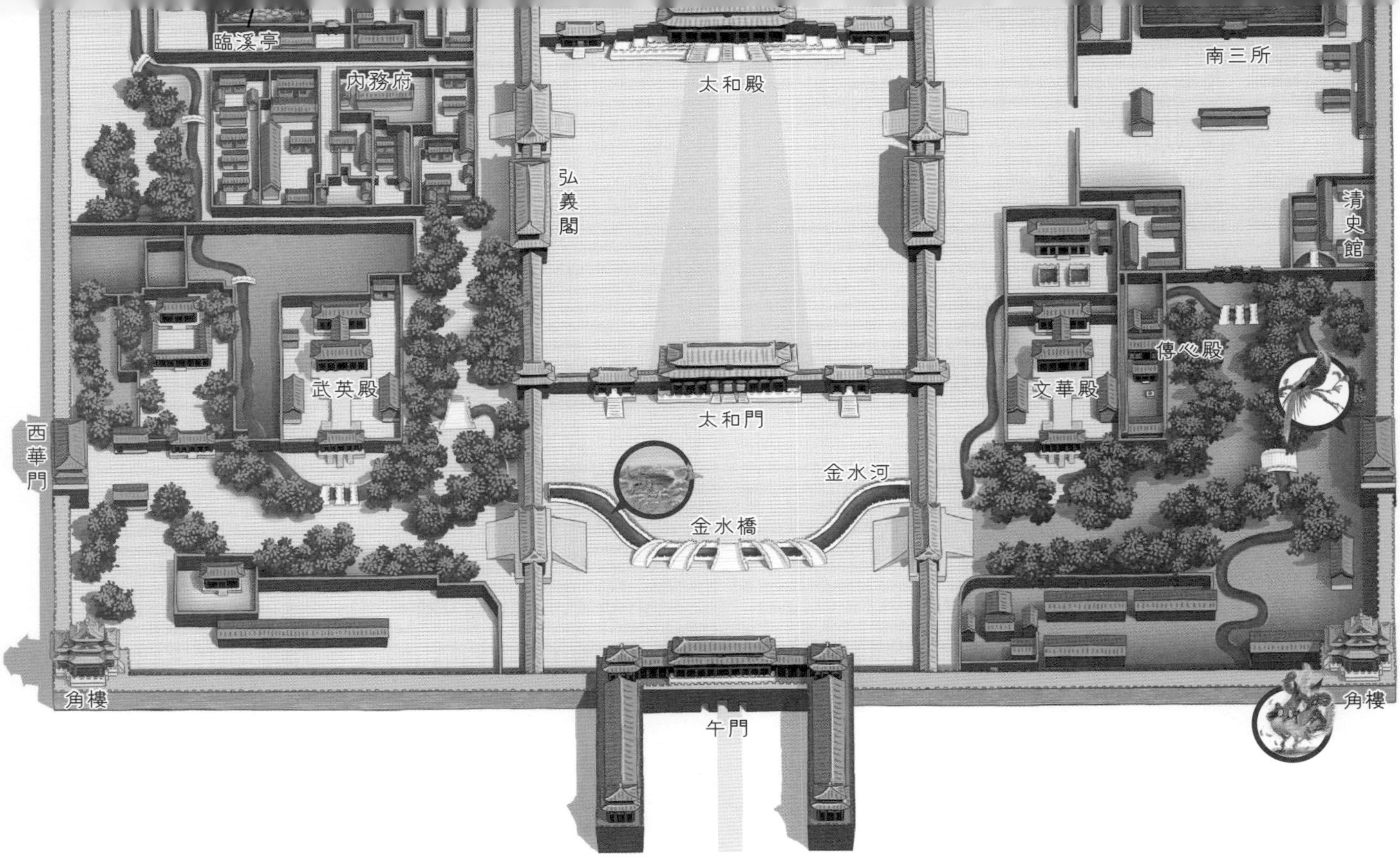

故宮怪獸地圖

東華門

角樓

清史館

南三所

傳心殿

文華殿

金水河

金水橋

午門

大和殿

大和門

弘義閣

內務府

臨溪亭

武英殿

西華門

角樓

角樓

角色檔案

虹

擁有彩虹般的身體，卻在身體兩端各長着一個龍頭的雙頭怪獸。他經常冒充彩虹出現在故宮，多少水都裝不滿他的肚子。

阿燦

故宮裏黑螞蟻家族的首席天文學家。他不但擁有一肚子的知識，還擁有一艘小小的飛船。李小雨乘着這艘飛船，進入了想都沒想過的、到處都是珍珠星球的宇宙。

角色檔案

十駿犬

清朝著名宮廷畫家郎世寧的《十駿犬圖》中的十隻獵犬。牠們都是康熙皇帝最喜歡的獵犬，不但名貴，而且每一隻都跑得飛快。

千秋和萬歲

人面鳥身的怪獸。萬歲是姐姐，千秋是弟弟。他們本來是象徵長壽的怪獸，卻在故宮裏「惹下大禍」，被故宮裏的怪獸們當作敵人。

角色檔案

毛女

她原本是秦國宮女，後逃到深山裏靠吃松葉生活。漸漸地，她的身體輕得可以飛起來，身上長滿綠色的毛髮，只有臉還是原來的模樣。

朱雀

羽毛如火一般鮮紅的鳥形怪獸。她是南方之神，也是代表火和夏季的神獸。故宮裏的朱雀每兩百年才會甦醒一次。

角色檔案

華蟲

擁有五彩錦雞的外形、能出口成章的怪獸。他的形象被繡在皇帝的龍袍上,象徵「文采昭著」。一到秋天,他就要吃蟲子。

摩羯魚

擁有龍頭、魚身、大象鼻子的怪獸,被稱作魚王,也是非常古老的怪獸。他從印度來,世界各地都曾經留下過他的蹤跡。就連西方占星學裏十二星座中的摩羯座,都是因他的形象命名的。

目　錄

1
彩虹怪獸

雨下得可真大啊！

雨絲織成一片輕柔的網，網住了秋天的故宮。傍晚的時候，雨停了，慈寧宮花園上方的天空出現了一道耀眼的彩虹。

我瞇着眼睛看着粉色晚霞映襯下的彩虹。這是一彎奇異的光，不斷地出現、消失，又出現、又消失。每次消失後再出現，它都會比前一次更加清晰，色彩更加豔麗。到最後，它清晰得簡直不可思議，彩虹那種半透明的感覺消失了，它彷彿不再是一道光，而是甚麼實體的東西。

就在這時，太陽落入了西山，那道奇怪的彩虹也不見

了，但它並不是隨陽光一起慢慢消失的，而是「呼」地一下落到了故宮裏的甚麼地方。

我揉揉眼睛，怎麼會有這麼奇怪的彩虹呢？我又不是第一次見到彩虹。科學課上，老師說過，彩虹是陽光的產物。陽光照射到空氣中的水滴上，光線被折射和反射，在天空中形成七彩的光譜。但今天，我不相信我自己看到的只是光。不是光，那它是甚麼呢？我糊塗了。

「停水了！」媽媽從我身邊經過時說，「希望食堂已經做完了晚餐，否則今天所有加班的人都要餓肚子了。」

「整個故宮都停水了嗎？」我問。

「慈寧宮花園往西都停了。不知道是哪段管道出了問題。」

慈寧宮花園？奇怪的彩虹好像就落在那裏，這只是巧合嗎？

媽媽讓我去食堂看看有甚麼可以吃的東西，自己提着水桶去南三所那邊取水。

等我在冰窖食堂吃完晚餐後，天已經全黑了。厚厚的烏雲遮住了月亮，讓所有的宮殿都蒙上了一層灰色的陰影。

看起來不是個探險的好時機，但我還是忍不住朝慈寧宮花園走去。奇怪的彩虹在我腦海裏揮之不去，我必須去看看，它是不是真的落到了那裏。

　　穿過南天門，故宮就越來越安靜。在古代的時候就是如此，面前的這片宮殿不是太妃們養老的地方就是冷宮，深深的寂寞一直伴隨着這些宮殿。

　　我走進慈寧宮花園，磚縫裏冒出來的野草發出沙沙的聲音。白天我很熟悉這裏，但是晚上我卻很少來。洞光寶石在我胸前微微發熱，似乎有某種力量正把我引向這裏，這兒一定有甚麼東西。

　　突然，我聽到前方有響動。我愣了一下，朝聲音發出的方向走去。

　　吉雲樓前的紅色長廊上，一個怪獸正趴在一盞路燈下。路燈明顯被施了魔法，簡直比月亮還亮。怪獸長着龍頭，但不止一個。等我走近些就發現，他長長的身體兩頭各長着一個龍頭。當看到他身體上的七種顏色後，我一下子就明白了。我沒有看錯，那道彩虹就是眼前這個怪獸。這是一條雙頭彩龍。

　　怪獸並沒注意到我靠近。他的全部注意力都在一個中國象棋的棋盤上。棋盤髒兮兮的，格子都快看不清了。怪獸的兩個頭分別在棋盤兩端，一個下黑棋子，一個下紅棋子。雖然我不太會下象棋，但通過他們緊張的神情也能猜出，棋局正到了關鍵時刻。其中一個龍頭剛下完一個棋子，臉上帶着滿意的笑容；而另一個龍頭則緊鎖眉頭。

「你輸了！」一個龍頭得意地說，他的眼睛一刻沒離開過棋盤。

「那可不一定。」另一個龍頭不服氣地說，眼睛同樣緊盯着棋盤。

「除非你想趁我不注意的時候要賴，拿走棋子甚麼的，否則不可能扭轉局面。我是不會給你機會的，我的眼睛絕對不會離開棋盤，哪怕只有一秒鐘。」

「我吃掉你這個兵呢？」

「那我會直接吃掉你的炮。」

「好吧。」一個龍頭扔掉了爪子裏的棋子，「我認輸！」

「哈哈！你早該認輸！」另一個龍頭得意地晃着腦袋。

他們抬起頭的一瞬間，幾乎同時發現了站在棋盤前的我。

「啊！啊……」

「哇哇哇……」

我捂住耳朵，兩個龍頭在耳邊大叫，換作誰也受不了。

「喂，喂！難道不應該是我被嚇得大叫嗎？」我大聲說。

「你！哪兒來的？」

「甚麼時候來的？」

「誰派你來的？」

「拿沒拿武器？」

兩個龍頭輪番逼問我，好像我是甚麼危險人物似的。

　　「我想你們對我有點兒誤會。」我把手盤在胸前，看看左邊的龍頭，又看看右邊的龍頭，「出於禮貌，我先自我介紹一下。我叫李小雨，我媽媽在故宮工作，所以我也經常住在這裏。沒人派我來，傍晚的時候我看到有彩虹落在了慈寧宮花園裏，所以想來看看是怎麼回事。我沒帶武器，而且除了水果刀，我也不會使用任何武器。」

　　一口氣說了這麼多，我深深地吸了口氣才接着說：「好了，我介紹完了。現在輪到你們了。」

　　兩個龍頭對望了一眼，其中一個龍頭先開口了：「我叫虹，他也叫虹，我們其實是一個怪獸。雖然我們倆各有各的想法，經常會吵架、鬥嘴、搶東西……但是，我們共同使用一個身體，這有點兒像人類的連體嬰兒一樣。不同的是連體嬰兒往往會有兩個名字，但我們只有一個名字——虹。」

　　「『彩虹』的『虹』？」我問。

　　「沒錯，『彩虹』的『虹』。」

　　我點點頭：「你們真是獸如其名，我今天差點兒就把你們當作彩虹了。」

　　「我們是彩虹的神靈。很多人都會把我們當作普通彩虹。」另一個龍頭說，「直到我們喝光他們水池裏的水，他

們才會發現，其實是虹來了。你們人類的古籍和甲骨文中有很多關於我們的記載。」

「甲骨文？」我琢磨了一下，「看來你們是非常古老的怪獸。」

「是的，古老得連我們自己都記不清自己的歲數。」一個龍頭接過話。

「我有一個問題，可能有點兒不太禮貌，但我又實在想問。」我小心翼翼地問，「你們長成這個樣子，怎麼……怎麼上廁所呢？」

說實話，從第一眼看到虹，我就產生了這個疑問，他的身體兩端都是頭，沒有屁股，那如果想上廁所的話，不就麻煩了？

「這個問題是有點兒……不過，我可以直接回答你。我們不上廁所。」

「不上廁所？這怎麼可能？」

「是真的，因為我們從不吃任何東西，只喝水。」一個龍頭回答，「如果身體裏的水太多了，我們會吐出一部分。不過這種事情幾千年來還從沒發生過，無論多少水都不夠我們喝的，我們總是覺得渴。漢朝的時候，我們甚至喝光了皇宮裏所有的井水。」

「不光是漢朝，五代時，我們也曾經把越國皇宮裏所

有的水都喝光了。那時候人類好像很怕我們，他們經常請河神和雷神把我們轟走，以防我們喝光了河水，讓田地乾旱。」另一個龍頭接着說。

「沒錯，但在水災的時候，他們又會把我們當神明一樣請出來，供上貢品祭祀我們，讓我們把洪水喝掉。」

「人類就是這樣，用得着你的時候才想起你，平時恨不得躲你遠遠的。」

「不過，我們才不會聽任何人的，我們想出現的時候就出現，不想出現時誰叫也不成。」

「是啊，神明怎麼能聽人類的？」

「除非貢品是大罈的美酒，我們才會考慮幫助他們。」

「啊，好久沒有喝到酒了，你這麼一說我都有些嘴饞了。上次喝到酒還是四百多年前的事情呢。」

「哈哈，我們差點兒喝光明朝皇帝的酒窖。」

兩個龍頭自顧自地說着。

我突然想到甚麼，打斷了他們：「那你們今天喝水了嗎？」

兩個龍頭被我的問題逗笑了。

「喝水了嗎？你沒發現這個花園裏所有的水池都乾枯了嗎？」

「我們不光喝光了水池的水，還找到一根奇怪的管子。

那根管子會源源不斷地冒出水來，讓我們喝了個痛快！」

「那根管子叫自來水管。」我板着臉回答。

我終於知道為甚麼慈寧宮花園西側會停水了，根本不是管道出了問題，而是眼前這個雙頭怪獸把水都喝光了。

「自來水管，真是個好名字。」一個龍頭居然還連連點頭。

「你們打算甚麼時候回去？」我問。我可不想整個故宮都停水。

「回哪兒？那個小展館嗎？我們可不打算回去。」一個龍頭搖着大腦袋說，「好不容易跑出來一趟，怎麼也要喝完金水河的水再回去。」

喝完金水河的水？我被嚇了一大跳，這可要命了！雖然心裏急得不行，但是表面上我仍然假裝平靜。

「不回到展館，白天的時候你們會被人類看到的！你們知道故宮裏的神獸不能被人類看到這條規定吧？」

「放心，白天我們可以偽裝成彩虹，人類不會發現的。」一個龍頭輕鬆地說。

「要是明天不下雨呢？不下雨怎麼會有彩虹？」我有點兒着急了，「而且，你們和彩虹真的很不一樣，只要有人仔細看就會露餡兒。」

「反正我們不想回去。聽說金水河的水很好喝。」

我已經分不清是哪個龍頭在說話了，他們本來就長得一模一樣。

「怎麼才能讓你們回去呢？」我半天才擠出一句話來。

「讓我們喝完金水河的水。」

「還有其他方法嗎？」我往前走了一步。

「其他方法？」一個龍頭突然看到了地上的棋盤，「我有個有趣的主意！下象棋，如果你能打敗我們兩個，我們就立刻回到展館裏。如果你輸了，就帶我們找到更多的自來水管。」

「對！這個好玩兒！我們很久沒和自己以外的對手下過象棋了。」另一個龍頭立刻興高采烈地呼應。

「可是我不太會下象棋。」這下輪到我為難了。

「那就沒有甚麼辦法讓我們回去了，我們只能喝光金水河的水了。」兩個龍頭面帶遺憾地搖晃着。

「好吧！我試試看！」我咬着牙說。

雖然說以我的水平，這盤棋 99% 會輸掉，但是如果不嘗試一下就認輸，我也不甘心。

「好！說定了！」兩個龍頭幾乎同時說。

他們快速地擺好棋盤，並且很有禮貌地讓我先走。

第一步，我把「炮」移到了中間，他們幾乎沒有猶豫就跳了「馬」。接下來，我就不知道怎麼走了，關於象棋，

彩虹怪獸

我知道的只有這麼多。

我盤着手，緊盯着棋盤，琢磨着挪哪個棋子合適。就在這時，我發現我的「兵」慢慢往前移動了一步，而我的手連碰都沒碰過那個棋子。我皺了皺眉頭，四處望了望，院子裏除了我和虹，連個鬼影子都沒有。

「這步棋下得可不聰明。」一個龍頭嘟囔着。他根本沒發現那顆棋子不是我移動的，他們兩個只盯着自己的棋，怕我會趁他們不小心，偷走某個棋子。

緊接着就好玩了。我的棋子開始自己和虹的兩個龍頭下棋。虹肯定想不到，他們不是在和我下棋，而是在和一團空氣下棋。

不知道過了多久，棋盤上已經沒剩幾個棋子了。在我的一個棋子自己「將軍」了對方的「將」後，虹的兩個龍頭沉默了很久。

「好吧，我們認輸。看來我們小看你了！」一個龍頭沮喪地說。

「你那招『仙人指路』使得不錯。」另一個龍頭說。

我鬆了口氣，雖然我完全不知道「仙人指路」是甚麼，更不知道自己是怎麼贏的，但只要虹能回去，金水河就算保住了。

「依照約定，你們要立刻回到展館。」我說。

「嗯……是的，但是『立刻』是多久？」一個龍頭狡猾地問，我有了不太好的預感。

「『立刻』就是現在，馬上。」我回答。

「『馬上』又是多久呢？幾分鐘還是幾小時？」

我瞇起眼睛說：「看來，你們想要賴？作為神獸，你們居然會要賴？不覺得丟人嗎？」

「丟人？不，不，我們是怪獸，不是人。」另一個龍頭說，「和回到窄小的展館相比，我們寧可要賴。」

忽然間，花園裏颳起一陣狂風，這陣風有些奇怪，聲音很尖，呼嘯着穿過慈寧宮花園裏那些緊鎖的佛堂。

幾乎同時，一個低沉的聲音在我耳邊響起：「我覺得你最好不要要賴，虹！」

虹的四隻眼睛瞪得老大：「這……聲音是你發出來的？」

「當然不是！」我搖着頭。

緊接着，我身後的一大團空氣開始閃爍出金光，它的邊緣越來越亮，隨着一道炫目的閃光，一條金龍的身形完全顯現出來。虹的兩個龍頭同時倒吸了口冷氣。

「龍大人？我們不知道您在這兒。」一個龍頭慌慌張張地說，「您怎麼來了？」

「是……是的，如果有甚麼失禮的地方，還請您原諒。」另一個龍頭低下了頭。

龍氣勢威嚴地站在我們面前，黃色的眼睛裏似乎還帶着點兒嘲諷的神色。

「別忘了，你是沒有保護色的怪獸，你這種鮮豔奪目的怪獸出現在故宮裏，我怎麼可能不知道呢，虹？」龍說，「真丟我們怪獸的臉，輸了棋還耍賴！我該罰你一百年不能再出來。」

虹害怕了，長長的身體緊貼着地面，慢慢地往後退着：「龍大人，我們知道錯了，我們現在就履行約定！」

「在我還沒改變主意前，趕快離開吧。」龍的眼睛緊盯着他們。

「是……是。」

我沒想到，虹能飛得這麼快，一道閃電般的光閃過後，他就連個影子都不見了。

「我想到可能有怪獸在隱身幫我下棋，但沒想到是您，龍大人。」我恭恭敬敬地說。

「你是贏不了那個喜歡臭顯擺的怪獸的。」龍笑着說，「正好，我也很久沒下棋了，爪子有點兒癢癢。」

「如果沒您的幫助，金水河可能就保不住了。」我說，「不過，虹真的能喝掉那麼多水嗎？」

「雖然虹平時很喜歡吹牛，但這件事上他沒吹牛。他的確喝得下金水河。」龍回答。

「這麼看來，虹還挺危險的。怎麼能避免讓他經常出現在故宮裏呢？」我問。

龍呵呵一笑：「很簡單，跟你媽媽說，讓他們把那件戰國時期的玉鏤雕雙龍首佩收好了，別動不動就拿出來展覽。」

「啊！我明白了！」我眨了眨眼睛。

不知道甚麼時候，月亮從烏雲後面露了出來，夜空變得明朗起來。

‖ 故宮小百科 ‖

吉雲樓：吉雲樓位於慈寧宮花園內咸若館西側，坐西面東，面闊七間，東與寶相樓相對。明朝原為咸若館西配殿，清乾隆三十年（1765年）改建為二層樓閣，三十六年（1771年）懸滿漢文「吉雲樓」匾。

吉雲樓上下室內正中均供有大尊佛像。佛像兩側各有一個長方形底座及多層台階的金字塔式供台，供台頂部是一道長櫥式的千佛龕。供台上層層擺放五彩描金擦擦佛母像。四壁、屋樑各處設有千佛龕，內供相同的五彩描金擦擦佛母像，共計一萬餘尊。

擦擦又譯為磋磋，是起源於印度的藏傳佛教中的一種小型脫模泥塑。它通過金屬模具，將摻有青稞、珍寶粉末、香料或高僧的骨灰舍利物品的膠泥按製成小小的牌狀佛像。吉雲樓這種專供擦擦佛的大型建築可能是內地藏傳佛殿中獨一無二的，因此顯得十分特別珍貴。

玉鏤雕雙龍首佩：玉鏤雕雙龍首佩，戰國晚期，長13.5厘米，高7厘米，厚0.3厘米。1977年安徽省長豐縣楊公鄉戰國晚期墓葬出土。佩青玉製，有色變沁斑，薄片狀，整體呈「弓」字形。佩以中線為對稱軸，對接雙龍，兩端雕龍回首仰視，脣吻部位捲曲誇張。龍身短而寬，飾凸起的穀紋，穀紋以短陰線勾連。佩中部廓外上、下鏤雕雲紋，上部及兩下角都有鏤雕的孔洞，可穿繩。這件玉佩為成組玉佩中部的中心玉件。這類帶有前肢的半身龍玉佩在戰國玉佩中非常罕見。

2
珍珠星球

　　事情往往就是這樣：當你躺在牀上，伸展四肢，準備美美地睡上一覺時，就有人來敲門了。

　　如果是在家裏遇到這種事，我連理都不會理敲門聲。媽媽不知道和我說過多少遍：「一個人在家的時候，不要給任何人開門，哪怕他說是警察也不成。」但是，在故宮裏就不一樣了，我會暗暗想：會不會是哪個怪獸有事找我，或是有哪位神仙來找我幫忙；要不然，也可能是野貓梨花又有了甚麼最新的發現。總之，哪怕再睏我也會從牀上爬起來，打開門看看到底發生了甚麼事。

　　這一回，來找我的傢伙連門都沒敲，他直接爬到牀

上，用細細的前足有節奏地敲着我的眼皮，彷彿那就是門。

我睜開眼睛，發現一隻螞蟻站在我的眼皮底下，黑色的小眼睛直直地盯着我。

「哎喲！」

螞蟻都爬到臉上了，我居然還不知道。我一歪頭，螞蟻順着我的臉往下滑。但他用前足勾住了我的嘴脣，我感到一顆沙粒掉進了嘴裏，並迅速隨着唾液流進了我的喉嚨。

「你給我吃了甚麼？」我吃了一驚，難道我被一隻螞蟻下毒了？

「一點點能提高聽力的藥劑，請放心，它完全沒有副作用。我如果不這樣做，你是聽不到我說話的。」螞蟻居然說話了，「我們螞蟻是靠肚皮上的發聲板發出聲音，頻率很高，人類的耳朵很難捕捉到。但如果你聽不到我說話，下一分鐘你很可能會把我當成一般小螞蟻捏死。在生物界，溝通總是最重要的。」

我把他放到手心裏：「我還是第一次聽到一隻螞蟻說話。」

「是的，我們螞蟻並不善於用語言溝通，我們更善於用氣味交流，但這種交流方式人類不能接受。」螞蟻的肚子一鼓一鼓的，每說一句話渾身都要顫一下，「你好，我先自我介紹一下。我叫阿燦，按照人類對螞蟻的分類屬於黑蟻。」

「我還是第一次知道螞蟻也會起名字。」我輕聲說，生怕呼出的氣大一點兒都會把他吹跑。

「不是每隻螞蟻都會起名字，名字在我們的生活中並不重要，大多數螞蟻只要知道自己的分工就可以了，除了一些特定職位的螞蟻。比如，我是黑蟻中的首席天文學家，所以必須要有一個自己的符號，也就是一個名字。」螞蟻阿燦說的話越來越讓我吃驚了。

「我還是第一次聽說螞蟻世界也會有天文學家！」

「看來你今天第一次知道的事情可真不少。」阿燦說，「天文學和氣象學對於螞蟻種族來說非常重要。對於我們體形這麼小，又沒有甚麼自我保護能力的羣體來說，雨季或者太陽輻射的變化都可能要了我們的命，更不要提星球引力導致的潮汐變化、大氣環流等。在螞蟻世界，天文和氣象都屬於天文學。首席天文學家在螞蟻世界是非常古老的職務。」

這隻小螞蟻真是讓我大開眼界。

「你知道的可真多啊！我一直以為螞蟻並不屬於智慧生物。」

「螞蟻是有大腦的，不過我們大部分行為都是依靠神經反射，大腦的作用不大。但也有特例，比如我的大腦就要比一般螞蟻的大腦大得多。所以我才會被特殊培養，不用去幹工蟻的活，只要跟着上一屆首席天文學家學習就可以

了。」阿燦有點兒得意地說。

「好吧，我想你今天來找我，並不是專門來向我介紹天文學對螞蟻們有多重要的吧？」我很好奇一隻小螞蟻來找我的目的。

「當然，我有很重要的事情。」阿燦的語氣莊重起來，「我是從壁虎那裏知道你的，聽說你經常會幫助怪獸和動物們，所以，我也想請你幫我一個忙。」

「哦？黑蟻家族遇到甚麼麻煩了嗎？」

「不，不是黑蟻家族遇到了麻煩，是我自己遇到了一些麻煩。這個麻煩目前還沒影響到蟻類，但將來可說不定。」阿燦說，「你願意幫我這隻小螞蟻嗎？」

他說得可憐兮兮的，我怎麼能說「不」呢？

「你想讓我幫甚麼忙呢？」

「說是很難說清楚的。所以，我想先請你去親眼看一看。」阿燦說。

「好吧，你說去哪兒吧。」

「珍寶館，你認識吧？」阿燦問。

「當然！」我感覺自己被一隻螞蟻小看了。

「太好了，你帶着我去要比我給你帶路快多了。我們出發吧！」

我讓阿燦趴在我的肩膀上，免得我的手一用力就把他

捏扁了。我穿好鞋，朝珍寶館的方向走去。

　　故宮裏靜悄悄的，這個時間連烏鴉都睡着了，我卻帶着一隻螞蟻傻乎乎地在路上走。

　　珍寶館的大門緊閉，被鎖得嚴嚴實實。在這個院子裏，只要動靜大一點兒，刺耳的警報聲就會迅速傳遍整個故宮。

　　「接下來怎麼辦？」我問阿燦。

　　阿燦不知道從哪裏又掏出一顆小藥丸。

　　「吃掉它，你就能變得和我一樣小。」他強調說，「放心，沒有任何副作用。」

　　我接過那粒小藥丸：「你從哪裏弄來這麼多奇怪的藥？」

　　「狐仙那裏。」他回答，「只要你有她想要的東西，她總有辦法滿足你的要求。」

　　真沒想到，狐仙居然會與螞蟻們打交道。我把小藥丸放進嘴裏，它實在太小了，我都不知道自己有沒有把它嚥下去，我的身體便開始快速縮小。看着身邊的東西快速變大，我有種坐過山車的感覺。

　　等身邊的東西都不再變化後，我發現自己正被阿燦踩在腳下。「對不起。」他有點兒不好意思地從我身上跳下來。

　　我站起來，發現自己比這隻螞蟻高不了多少。

　　「我一會兒還能變回去吧？」我擔心地問。

　　「當然！」阿燦肯定地說，「不過，現在你還是變小了

最方便。」

他領着我輕鬆地鑽過珍寶館的門縫，我第一次感覺到門縫居然這麼寬敞。珍寶館在我眼裏變成了巨型廣場，天花板高得如天空一樣讓人看不清楚，玻璃展櫃在我面前變得像高樓一樣龐大。

阿燦帶我來到一個展櫃的下面，從木頭櫃門的縫隙裏鑽了進去。櫃子裏黑漆漆的，但阿燦很快打開了一盞玻璃射燈。一架橢圓形的小艇出現在我面前，閃着亮晶晶的金屬光澤。

「這是甚麼？」我沒法形容自己有多吃驚。

「飛船。」

阿燦走上台階，熟練地打開飛船的艙門。

我大步邁上台階：「你別告訴我這是宇宙飛船，我不相信螞蟻世界的科技已經發展到可以探索宇宙的水平了。」

「實際上，這架飛船是探索金色天球的。雖然金色天球和宇宙有些類似，但它並不是真正的宇宙。」

阿燦的話我越來越聽不懂了，於是我決定先進去看看。

這真的是一架非常精緻的飛船，儀表盤上是大大小小的按鈕，控制台上紅燈和綠燈交替閃爍，發動機發出柔和的「嗡嗡」聲。

雖然從科幻電影裏看過無數次，但我還是第一次登上

真正的飛船。眼前的一切新鮮極了，但我甚麼都不敢碰，生怕一不小心它就會「嗖」的一下飛出去。阿燦讓我坐到一把舒服的椅子上，繫好安全帶。他自己則站在控制台前，用上面的四條腿同時開始操縱起飛船。

在發動機的轟鳴聲中，飛船穩穩地飛了起來。

「目的地──金色天球。」

「我真沒想到，螞蟻世界居然會有這麼高科技的東西。」我讚歎道。

「這是個意外。實際上蟻類文明還遠遠沒發展到這種程度，否則，估計主宰地球的就不是人類，而是螞蟻了。畢竟地球上的螞蟻數量遠遠超過人類。」阿燦說。

飛船先是在黑暗中穿梭，飛了一陣後進入橙色光線的區域。又飛了一陣後，飛船寬大的玻璃窗外亮起了金色的光芒。隨後，金色的光圈越來越大，光線也越來越明亮。

在飛船完成了一個漂亮的大回環後，我終於看清了飛船外的世界。

那是籠罩在金色薄霧裏的星系，星系中大大小小的行星聚集，和我印象中的行星不同，這裏所有的星星都是白色的，閃着迷人的乳白色光澤。

「我們到了。」阿燦微笑着說，「歡迎你來到金色天球。」

「這太美了！」我愣愣地看着這個奇異的星系。

「是的，非常美，也非常準確。」阿燦冷靜地說。

「非常準確是甚麼意思？」

「金色天球中有三垣、二十八宿、三百個星座、三千二百四十二顆星星。這裏的每一顆星星都對應了宇宙中的星星，無論是位置還是運行軌道都基本相同。」阿燦回答。

我吃了一驚：「也就是說，這裏是一個模擬宇宙？」

「可以這麼說。」阿燦望着窗外說，「金色天球可以讓我直觀並形象地了解日、月、星辰的相互位置以及運動規律，研究天象。」

「故宮裏居然有這麼神奇的地方啊！」我讚歎着，「那些白色星球也太好看了吧！」

「是啊，比真正的星星還要好看。」阿燦也連連點頭，「只是最近遇到了些麻煩。」

「甚麼麻煩呢？」

阿燦剛要回答，飛船就猛地震動了一下。緊接着，窗外，一個金色的龐然大物貼着飛船飛過，等他稍微飛遠了一些，我才發現，那居然是一條巨龍！

「龍！這裏居然有龍？」

「是的，忘了告訴你，金色天球的世界裏生活着九條龍。」

我一下子明白了：「這裏居然生活着九條龍？你說的

『麻煩』指的就是他們吧?」

　　窗外,又一條巨龍正追着前一條龍飛去,兩條金色的龍在白色的星球間靈巧地穿梭着。

　　「不,當然不是。這九條龍是金色天球世界的守衛者,怎麼能是麻煩呢?」阿燦連忙解釋。

　　「那到底是甚麼樣的麻煩呢?」我又糊塗了。

　　阿燦的眼睛緊盯着前方說:「看,麻煩來了!」

　　就在這時,我有種奇怪的感覺。不知不覺間,飛船前進的方向有些微妙的偏移。而阿燦的神情也變得緊張起來,他努力控制着加速系統,想回到原來的飛行軌道上,但似乎有點兒力不從心。不但方向偏移,就連飛船的船體也開始傾斜了。

　　我朝窗外望去。我曾經聽元寶講過一些天文學的知識,如果我沒記錯,能讓飛船忽然偏離軌道,唯一的可能就是受到重力影響。如果是恆星的重力,那必定能在附近看到恆星,但是我順着偏離的方向看過去,沒有看到任何星星。唯獨有些不同的就是,那個地方似乎比周圍更黑暗,連籠罩整個星系的金色薄霧,在那裏都消失了,只剩下黑漆漆的一片。那究竟是甚麼地方?

　　「是黑洞。」阿燦告訴了我答案。

　　「黑洞!」我嚇得尖叫出聲。雖然我不是很了解宇宙黑

洞，但也明白那個東西可以吞噬一切。

阿燦卻沒有我這麼驚慌，他穩穩地控制着飛船，一點點加大發動機的功率，向與黑洞相反的方向飛去。很快，飛船就脫離了黑洞的影響。

「呼！」阿燦鬆了口氣，才接着說，「黑洞在金色天球裏一直是存在的。但數量很少，位置也很固定，所以只要我記住那幾個位置，黑洞對我的飛船造成不了甚麼影響。但是最近一段時間，這種情況發生了改變。金色天球裏的黑洞突然大量增加，位置也在不停變化。對於我的飛船來說，它們每一個都是致命的陷阱。」

「怎麼會這樣？」

阿燦搖着頭說：「我也不知道。我查遍了所有以前黑蟻首席天文學家們的記錄，沒有記錄提到過這種情況。所以，我想這應該與人類有關。」

「人類？你說有人知道這裏？」

「當然，這個世界就是人類創造的啊……」

就在這時，飛船又開始震動了，而且比前兩次震動得都厲害。阿燦迅速回到控制台前，但已經晚了，飛船像塊石頭一樣飛快地朝着黑洞墜落下去，完全失去了控制。

阿燦尖叫：「又是一個新黑洞！」

他的六條腿不停地按動按鈕，推動着操縱杆，但卻完

全沒有效果。最後時刻，他啟動了降落程序，飛船尾部噴出熊熊烈焰，才讓飛船沒有摔得粉碎。

四周一片漆黑。

「現在怎麼辦？」我一邊檢查自己的身體，一邊問。很幸運，因為安全帶的保護，我沒有受傷。

「別怕，我有準備。」阿燦安慰我說，「自從發現黑洞變多，我就在飛船上裝了警報系統。」

「你打算找誰來救我們？」

「當然是我的同伴——螞蟻們。」他邊說邊按下一個紅色的開關。飛船的喇叭裏立刻響起「嘯啦啦」的嘈雜聲。

「這是甚麼聲音？」我問。

「一種利用空氣震動產生的聲音——螞蟻可以接收到的求救信號。」

「哪怕我們待在黑洞裏，其他螞蟻也能接收到？」我有點兒不相信。

「金色天球裏的黑洞和真正的宇宙黑洞不大一樣，它沒有那麼大的危害力。而且，我們蟻族是無處不在的。」它看起來很有信心。

不知道我們在黑洞裏待了多久，我只覺得越來越口渴。但阿燦告訴我，為了減輕飛船重量，他沒帶水。黑洞裏非常安靜，阿燦頭上的觸角像天線一樣，四處轉動着，

像是在接收甚麼信號。

「他們來了。」

「螞蟻們?」我問。

「是的,我感覺到他們的氣味了。」阿燦點點頭,「來的螞蟻不少,應該能把我們救出去。」

「太好了!」我鬆了口氣。

幾分鐘以後,飛船頂上的圓窗被打開了,一根由無數隻螞蟻連接成的「繩子」出現在我們面前。阿燦幫我爬上「繩子」後,自己也跟着爬了上來。爬這條「繩子」並不費力,因為幾乎每隻我經過的螞蟻都會推我一把。

我不知道自己爬了多久,只感覺到胳膊和腿越來越痠,漸漸麻木。

「還有多遠?」我問阿燦。

「快到了,快到了。」每次我問,他都這麼回答。

終於看到地面了,我用盡全身力氣從「繩子」上爬下來,一屁股坐到地上,再也不願意移動一步。

休息了好一陣,我才勉強站了起來。

「你該回去了。」阿燦說。

我點點頭,但發現螞蟻們組成的「繩子」仍然沒有一點兒要解散的樣子。

「他們不走嗎?」我問。

「他們還要把我的飛船弄出來。」阿燦回答。

穿過珍寶館的門縫後，我吃下了阿燦遞給我的小藥丸，在眩暈和噁心中，我迅速變回了原來的樣子。

「剩下的事情就拜託你了。」阿燦鄭重地對我說，「一定要幫我找出黑洞增加的原因啊。」

「既然你說金色天球是人類創造的，那你知道金色天球在人類世界的名字嗎？」我問。

「我看到過人類的文字，你們叫它『銀鍍金嵌珠天球儀』。」

這下我終於明白螞蟻們眼裏的「金色天球」是甚麼了。

可是第二天放學，我找遍了珍寶館，也沒找到螞蟻阿燦說的「銀鍍金嵌珠天球儀」。

「李小雨，快出來吧，我要鎖門了。」珍寶館的管理員王阿姨大聲叫我。

「您知道『銀鍍金嵌珠天球儀』放在哪兒嗎？」

「那是西展廳的新展品，展覽還沒開始呢。」王阿姨邊說，邊把我往外轟。

「王阿姨，我想看看那個天球儀，就看一眼，好不好？」我拉着她的手撒嬌。

「啊呀呀，又來了。」王阿姨皺着眉頭說，「西展廳還沒佈好展，不能讓你進去。而且就算我放你進去，今天你

也看不到那個天球儀。」

「為甚麼?」

「馬上就要對外展出了,今天早上它被送到工藝組做最後的清理了。」王阿姨鎖上了珍寶館的大門。

等我跑回西三所的時候,工藝組的工作人員已經下班了。透過玻璃窗,我能看見金燦燦的天球儀就被放在工作枱上。九條金龍托起一個金球,上千顆美麗的珍珠鑲嵌在上面,發出迷人的光澤,和我看到的白色星球一模一樣。珍珠「星球」的中間,有不少黑色的小洞,那是珍珠掉落後的痕跡。天球儀的旁邊有個銀色的托盤,裏面裝着幾顆大小不同的珍珠,旁邊還放着小鑷子和棉簽。

我一下子明白了,原來我昨天掉進去的黑洞,就是珍珠被拿掉後留下的小洞。工作人員把珍珠從天球儀上取下來清洗,還沒來得及粘回去,這就是螞蟻們的金色天球中黑洞變多的原因啊!

‖ 故宮小百科 ‖

金嵌珍珠天球儀:金嵌珍珠天球儀是清朝乾隆年間內務府造辦處用黃金做成的模型。天球儀由座、支架和天球三部分組成。天球球體用珍珠鑲嵌二十八星宿、三百個星座和兩千兩百多顆星,並陰刻紫薇垣、天市垣和太薇垣。圍繞球體裝有赤道環和地平環,北極還有時辰盤。九龍環繞的四足金支架支撐着球體。下置四獸足環座,座上有東、南、西、北四象字,座心為羅盤(指南針)。天球儀又稱「渾天儀」或「天體儀」。金嵌珍珠天球儀是流傳至今唯一一件以黃金製成的天球儀模型。

3
在故宮裏遛狗

「我需要賺點兒錢。」楊永樂假裝平靜地對我說。

但我知道，他內心並不平靜。就在今天，一個星期六的上午，他闖了他十一年人生中最大的禍——摔壞了田叔叔的手機。他舅舅準備讓他自己賠。

田叔叔也在失物招領處工作，和楊永樂關係很不錯，所以經常借手機給他打遊戲。但剛剛，楊永樂偷偷在倉庫的貨架後面打遊戲的時候，他舅舅闖了進來，嚇得他一下子扔掉了手機。手機重重地撞在了牆壁上，等到它再被撿起來的時候，屏幕上已經是一片黑暗。

「那部手機多少錢？」我問。

「我在網上查過了，不貴，也就一千多塊錢。」他雙手插兜，好像自己很有錢似的。

「那麼多錢？你到哪兒去弄一千多塊錢？」

「我打算找份工作。」

「你要是不上學，你舅舅肯定饒不了你。」我搖着頭說。

「我當然會上學。」楊永樂說，「我打算在放學後打份工。」

「你還未成年，沒人敢僱你工作。」我繼續給他潑冷水。

「誰說的？」他看着我說，「你不是也打過工嗎？」

「那是在故宮裏，怪獸們僱我去當浴德堂的管理員。怪獸的世界沒有不讓孩子打工的規定。」

「所以，我也打算在故宮裏找份工作。」楊永樂做了個誇張的手勢說，「故宮裏肯定有不少這樣的機會，動物、怪獸，甚至神仙沒準兒都有需要我幫忙的地方，而只要他們付給我能換錢的東西就成。」

「我可不覺得你真能幫上忙，他們的要求往往稀奇古怪……」

楊永樂打斷我說：「如果不這麼做，我只能從我的早點錢裏省出買手機的錢，這意味着，過不了多久我可能就餓

死了。幹甚麼都比餓死強！」

他說得沒錯，我決定不再潑冷水了：「那你打算怎麼找工作？」

「當然是貼廣告。」

他從我面前扯過一摞打印紙，開始寫廣告。

楊永樂幾乎用完了我媽媽辦公室裏所有的打印紙。每天故宮一關門，他就把他的廣告貼得到處都是。等到第二天早晨，最早的一批工作人員來到故宮前，他又把這些沾着露水的廣告全部收回來，以防被他舅舅知道。

他的辛苦終於有了回報。就在貼出廣告的第四天，一個初秋的黃昏，失物招領處的門被敲響了，楊永樂迎來了他的第一位客戶。

那是一隻臉上長着黑色斑紋的白貓，黃色的眼睛像琥珀寶石一樣，霸氣十足，彷彿一位將軍。楊永樂當然認識他，他是景仁宮的野貓，名叫「鰲拜」。大家都猜測，他會是下一任的貓首領。

「你肯定猜不到鰲拜僱用我幹甚麼？」楊永樂興高采烈地跑到我面前。

被一隻野貓僱用，能幹甚麼呢？這的確挺難猜。

「捉老鼠？」

「別鬧了，誰都知道故宮裏的老鼠是被保護的，牠們的

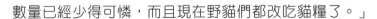

數量已經少得可憐，而且現在野貓們都改吃貓糧了。」

我當然知道這些，可是我實在想不出，野貓僱用楊永樂還能幹嗎。

「好吧，我認輸，我猜不出來。」

「鰲拜僱用我遛狗！哈哈哈……」楊永樂忍不住大笑起來。

「遛狗？哪兒來的狗，難道他讓你去遛保安隊的那羣警犬？」我一點兒都不信。

「當然不是，保安隊的警犬怎麼會住在景仁宮？鰲拜僱用我去遛景仁宮的狗。」

「景仁宮裏根本沒有狗啊！」我提醒他。

「原本是沒有，但也沒準兒最近有野狗跑了進去，被管理員收留了。畢竟我們很長一段時間都沒去景仁宮了。」

「好吧，就算景仁宮有狗，鰲拜哪來的錢付給你呢？」我問。

「鰲拜說，他找酒醋房的山寨先生換了些銅錢。他還給我看了那些銅錢，裏面的一枚『乾隆通寶』就值好幾百塊錢。」

故宮內務府酒醋房的山寨先生管理着神仙們的酒窖，是故宮裏最有錢的野貓。

「如果真是這樣，那這是一筆不錯的生意。」我承認，

「從甚麼時候開始呢？」

「今天晚上八點鐘我去景仁宮。我已經準備好遛狗繩了。」楊永樂問，「要不要和我一起去看看？你不是很喜歡狗嗎？」

他說得沒錯，我一直想養一隻狗。但媽媽卻說，以我們家現在的狀況，養我和養狗只能選一個。

我決定和楊永樂一起去景仁宮看看他要遛的狗長甚麼樣。我甚至想，如果那隻狗乖巧可愛的話，能不能說服媽媽讓我在她辦公室裏養呢？

我們七點半就出發了。這是一個晴朗的秋天的夜晚，星星像鑽石一樣在天空中閃耀。

路過慈寧宮的時候，我們碰到了野貓梨花。她正在高高的宮牆上悠閒地散步。

「喂，李小雨，你們要去哪兒？喵——」梨花低頭問。

「去景仁宮。」我回答。

「喵——你們不會是去幫忙遛狗的吧？」

楊永樂和我都吃了一驚。「你怎麼知道？」我問。

「你們真夠勇敢的！喵——」梨花饒有興趣地說。

「為甚麼這麼說？」

「喵——那些狗挺……挺活潑的。」梨花含含糊糊地說。

「那些狗？」我轉向楊永樂，問，「你可沒告訴我不止一隻。」

「我也沒告訴你只有一隻。」楊永樂小聲說，隨後他抬頭對梨花說，「狗不活潑就不是狗了。你放心吧，狗看到人的樣子和看到貓的樣子完全不同，在人面前，牠們會乖得像小綿羊。」

「那你們趕緊去吧，喵——」梨花笑着說，「景仁宮的野貓們被那些狗折騰壞了。只要你能讓他們脫離那些狗，就算讓他們把所有的貓糧都送給你，我估計他們也願意。」

說完，她朝着與我們相反的方向走了。

「我有點兒不太好的預感。」我告訴楊永樂。

「別擔心，不過是幾隻狗而已。」他一臉樂觀的神情。

景仁宮的大門敞開着，這有點兒奇怪，一般晚上管理員都會把這裏鎖好。

鰲拜已經站在台階上等我們了。

「我沒遲到吧？」楊永樂問。

「沒有，甚至還早來了十多分鐘。」鰲拜回答，「只是，我實在等不及了，所以提前出來等你們。」

「看起來你們真的很怕那些狗。」楊永樂說，「要是很兇的狗，價錢上可能……」

「只要你每天都能讓牠們累得半死再回到景仁宮，景仁

宮的野貓一定會給你很好的報酬。喵——」鰲拜承諾。

楊永樂滿意地笑了。

我們跟在鰲拜後面走進景仁宮的院子。院子裏熱鬧極了，一羣健壯的大狗正在院子裏奔跑、撒歡兒。牠們每隻都比狼狗還大，其中有一隻甚至比我見過的所有狗都大，簡直像頭獅子。除了這隻狗以外，其他狗都是小小的腦袋，長長的脖子，腰腹緊實，四條腿纖細有力。雖然我從來沒見過這樣的狗，但看牠們奔跑的樣子就知道，這些都是訓練有素的獵犬。

「牠們難道是中國細犬？」楊永樂居然知道牠們的品種。

「準確地說，其中九隻是細犬，還有一隻是藏獒。喵——」鰲拜回答。這隻平時威風凜凜的「將軍」貓，此刻正躲在楊永樂的腿後面，聲音都有些發抖。

「牠們看起來都很名貴。」楊永樂說。

「你說得沒錯。牠們都是頂級的名犬。喵——」鰲拜說，「看見那隻微微泛黃的白狗了嗎？牠叫霜花鷂，旁邊那隻脖子上有黃色項圈的叫睒星狼，牠們是科爾沁四等台吉（台吉是明清蒙古王公貴族的稱號）丹達里遜獻給康熙皇帝的；追睒星狼的那隻背上有棕色花紋的叫金翅獫，牠是科爾沁四等台吉丹巴林進獻的。牠們跑得比兔子還快，所以

千萬不要放開狗繩，否則你一定追不上。」

　　鰲拜轉向另一邊說：「在樹下撒尿那隻叫斑錦彪，是大學士傅恆進獻的，牠身上有碎花一樣的黑色斑紋。樹叢裏那隻黑棕色的叫墨玉璃，是侍衞班領廣華進獻的。還有追野貓那隻，尾巴尖是白色的叫茹黃豹，是侍郎三和送的。牠們三個脾氣都有點暴躁，你要注意。尤其是茹黃豹，牠可是這些狗裏最稀有的品種，千萬不能讓牠受傷，喵——」

　　「我更擔心受傷的會是我。」楊永樂嘴裏嘟囔着。

　　鰲拜又轉了個方向，朝着宮殿的方向說：「台階上不停跳的那隻叫驀空鵲，牠臉上有黑色斑紋，很好認。牠可能

以為自己是隻鳥，所以會一直跳個不停。四隻爪子雪白的那隻深棕色狗叫雪爪盧，牠的脾氣還不錯，我最喜歡牠。但是，牠的膽子有點兒小。只要其他狗不去嚇唬牠就不會有甚麼大問題。啊！對了，蒼水虯呢？喵——」

鰲拜緊張地到處找，終於在大殿後面找到了那隻淡灰色的細犬，這才鬆了口氣：「喵——牠就是蒼水虯，狗如其名，牠可能以為自己是條龍或者其他甚麼魚，特別喜歡往水裏跳。我為了防止牠跳井費了好大力氣。除了這個，牠倒是沒甚麼其他壞習慣。」

「這一個壞習慣已經夠我受的了。」楊永樂翻了翻白眼，他已經意識到這遠遠不是普通的遛狗了。

「下面，就是最後一隻了。」鰲拜把我們帶到那隻長得像灰色獅子的大狗面前，「喵——牠是這裏唯一的藏獒犬，名字叫蒼猊。你們了解藏獒這種狗吧？」

「聽說在西藏，藏民用牠們來防狼。」楊永樂臉色蒼白地說。

「沒錯，藏獒在面對敵人的時候很兇猛。但對主人很忠誠。喵——」鰲拜說，「據說蒼猊和怪獸狻猊一樣兇猛，牠可以輕鬆咬死這裏的任何一隻獵犬，更別提人類……」

「天啊……」楊永樂往後退了好幾步。

鰲拜安慰他：「不用怕，楊永樂。我說過牠會對主人很

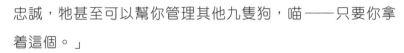

忠誠，牠甚至可以幫你管理其他九隻狗，喵——只要你拿着這個。」

鰲拜不知道從哪裏叼出一根短馬鞭：「只要拿着這個，蒼猊就會把你當作主人，喵——所以，千萬別丟了。」

「丟了會怎麼樣？」楊永樂不放心地問。

「這個……說實話我不知道，喵——」鰲拜聳了聳肩膀，「不過，我覺得如果控制不住那隻藏獒的話，你們會有很大麻煩。」

「你能告訴我，這些乾隆時期的名犬怎麼會出現在景仁宮的院子裏嗎？」我皺起眉頭問。

「作為一個故宮倉庫管理員的孩子，你應該知道景仁宮最近的展覽吧？喵——」鰲拜反問我。

「好像……好像是甚麼台北故宮藏書畫特展。」我回憶着。故宮裏的展覽實在太多了，我並不是每個都能記清楚。

「就是它，喵——」鰲拜點點頭，「不過，看來你一定不知道，這次展覽的核心展品就是清朝著名的宮廷畫家郎世寧的《十駿犬圖》。」

「啊！我明白了。」我恍然大悟。

「喵——現在可以開始你的工作了嗎，楊永樂？」鰲拜問。

「我……我想……」很明顯，楊永樂有點兒後悔接受這

份工作。

「喵——你還記得我們簽的合同吧，如果不能完成遛狗工作……」

「我記得。」楊永樂大聲打斷了他，虛張聲勢地說，「你以為我要退縮嗎？怎麼可能？別忘了，我可是薩滿巫師，薩滿巫師以前甚至可以馴服鷹和蟒蛇，十隻狗算甚麼。你放心好了。」

他甩了下馬鞭，蒼猊立刻吐着舌頭朝着他跑了過來。

「乖……乖孩子。」楊永樂小心翼翼地為牠套上狗繩，因為手一直在抖，他套了好幾次才把狗繩套好。

剩下的細犬們就輕鬆多了，牠們雖然個頭兒都不小，但都沒有蒼猊長得可怕。當然，也很可能是因為楊永樂一直牽着蒼猊，所以其他每隻狗都乖乖讓他套上了狗繩。

第一步看起來很順利，我和楊永樂都鬆了口氣。

「也許，牠們沒有我們想得那麼麻煩。」楊永樂笑了笑。

「希望如此。」我可沒他那麼樂觀。

我幫他牽着霜花鴞、睒星狼、金翅猺和墨玉璃，剩下六隻包括蒼猊都在他的手裏。我們在野貓們熱切的目光中，走出了景仁宮。還沒走出一米，我們就聽到「哐」的一聲，大門在我們身後迅速關上，那樣子彷彿希望我們再

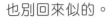

也別回來似的。

「你答應幫野貓們遛多長時間狗呢？」我不放心地問。

「兩個小時，只要兩個小時。」他回答。

「每天兩個小時？」我問，「那要堅持多少天呢？」

他的聲音不比蚊子的嗡嗡聲大多少：「直到展覽結束。」

「展覽甚麼時候結束？」

「我不知道。」他終於說了實話，「我現在只希望展覽能快點結束。」

我們沿着景仁宮往北走。第一個麻煩出現在斷虹橋。我們本來覺得南薰殿那邊比較不容易碰到巡夜的警衛，但卻忘了斷虹橋下的內金水河。在過橋的時候，楊永樂牽着的蒼水虯意外地掙脫了他，一頭扎進內金水河，在裏面暢游起來。直到十五分鐘後，楊永樂快要喊破嗓子，牠才爬上岸，蹦蹦跳跳地朝我們跑來，還甩了楊永樂一身水。

重新牽住蒼水虯的狗繩後，我們迅速離開內金水河，朝着反方向的內務府走去，至少那邊沒有河水，也沒有敞開的水井。

還沒走到內務府，我們就又遇到了麻煩。一隻討厭的烏鴉可能是被狗羣驚醒了，一邊「呱呱」大叫着一邊從我們頭頂飛過，這讓騖空鵲興奮不已。牠跳個不停，好像要追隨烏鴉而去，楊永樂拚命拉住牠的狗繩，才終於沒讓牠

掙脫。

　　但我卻為了幫他拉住其他的狗，一不小心讓自己手裏牽的睒星狼逃脫了。睒星狼像流星一樣迅速消失在我們眼前，別說是我們，「百米飛人」估計都追不上牠。

　　就在我不知道該怎麼辦的時候，楊永樂鬆開了蒼猊的狗繩。蒼猊像是知道我們心裏想甚麼一樣，沿着睒星狼逃跑的路線一路追去。十幾分鐘後，當牠們兩個的身影同時出現在宮殿的紅牆間時，我和楊永樂都鬆了口氣。

　　這之後，我們更加小心了。不但要躲開水井，還要躲開烏鴉、刺蝟、野貓、黃鼠狼、狐狸等經常出現的地方，任何一隻小動物的出現，都可能引起我們無法控制的騷動。

　　然而，麻煩並沒有結束。在經過一處比較窄小的道路時，雪爪盧不知道怎麼惹怒了茹黃豹，導致後者不停地「汪汪」狂叫。等我們好不容易把牠們拉開時，雪爪盧卻趴在地上不走了。無論我怎麼安慰牠、撫摸牠，牠都一步也不肯動，趴在地上渾身發抖。

　　「怎麼辦？」我問楊永樂。

　　「抱着牠走？」楊永樂看着半人高的雪爪盧，琢磨着牠有多重。

　　「你當牠是泰迪犬嗎？牠有四五十斤重，咱們兩個人一起抬都不一定抬得動。」我一屁股坐到地上。

「看來只能試試這個了。」

楊永樂從兜裏摸出一個網球。

「你居然還帶了這個？」我挺吃驚。

「我查了遛狗攻略。」說着，他就把網球朝遠處扔去，「雪爪盧，看這個！」

結果出乎我們的意料：不光是雪爪盧，所有的狗都掙脫了狗繩，朝着網球瘋狂地撲去。看着大狗們拖着狗繩朝遠處的夜色中跑去，我知道，我們再也不可能控制局面了。

「如果把狗丟了，你要賠償嗎？」我只能問楊永樂。

「傾家蕩產……」楊永樂絕望地說。

這時，遠方傳來了狗叫聲，緊接着，一羣大狗朝我們跑來。跑在最前面的是蒼猊，牠的嘴裏叼着那個綠色的網球。所有的狗都在牠後面追趕，不知道是在追牠還是在追那個網球。

牠們跑到我們面前，蒼猊把網球放到楊永樂手裏，期盼着他再把球扔出去。我數了數，十隻狗一隻都不少。

當我們回到景仁宮的時候，狗有沒有累得半死我不知道，反正我和楊永樂快被累死了。我渾身的骨頭像是散了架一樣，連着好幾天都痠痛不已。

之後的幾天，媽媽都不加班，所以我沒有住在故宮裏，也沒能幫楊永樂遛狗。我真不知道他自己是怎麼撐過

來的。

　　景仁宮的書畫展撤展時，媽媽要去幫忙。等我回到故宮時，已經是楊永樂遛狗的最後一天了。

　　我買了兩瓶可樂，打算和他一起慶祝他艱辛的遛狗工作勝利結束。但當我走到景仁宮的時候，我發現楊永樂似乎並沒有我預料的高興和輕鬆，恰恰相反，他正抱着蒼猊的脖子號啕大哭。

　　楊永樂是那麼依依不捨，他親吻了每一隻狗，儘管有的狗對他這種親密行為不太喜歡。他還把網球留給了蒼猊。在為大狗們解開狗繩的那一刻，他幾乎哭暈了過去。

　　「真……真沒想到……就……這樣結束……了……嗚嗚嗚……」

　　這是我第一次看見楊永樂哭。老師罵他的時候他沒哭過，舅舅揍他的時候他也沒哭過，但現在，對着一羣狗，他哭得上氣不接下氣。

　　我只好陪在他身邊，等着他把眼淚流完。

　　人類的感情，還真是奇怪啊。

故宮小百科

乾隆愛犬的奇怪名字：看完這則故事，我們發現乾隆皇帝喜愛的這十條獵犬的名字都很生僻，牠們名字的由來分別是甚麼呢？如果你家中準備養一隻狗，你會考慮用這些名字嗎？

霜花鷂：鷂鷹是一種飛行速度快的猛禽。這個名字既說明這隻狗速度很快，敏捷兇猛，也讓人們知道牠的毛色像霜花一樣白。

睒星狼：睒音同閃，形容速度之快如同一眨眼。這個名字也是說明這隻狗的速度快和兇猛。

金翅獫：獫本義是長嘴的狗。主人給狗起這個名字一是說明了牠的體貌特徵，二是希望牠像神獸金翅鳥一樣勇猛。

斑錦彪：中國傳統中把似虎非虎的一種猛獸叫做彪，明清武官六品的官服補子上就是牠，也有人說這種動物是現在的金貓。這個名字表示這隻狗像彪一樣兇猛，全身的皮毛斑紋燦爛。

墨玉螭：螭是中國古代傳說中一種像龍而無角的動物。這個名字說明這隻狗全身黑得像墨玉，神駿像傳說中的螭龍。

茹黃豹：茹黃是古代名犬的名字。《呂氏春秋·直諫》記載：「荊文王得茹黃之狗，宛路之矰，以畋於雲夢。」晉代傅玄《走狗賦》寫道：「震茹黃而憎宋鵲兮，越妙古而揚名。」

鶩空鵲：這隻狗名字的意思是飛快地掠過天空的喜鵲，可能因為這隻狗因毛色類似喜鵲，奔跑速度很快而得名。喜鵲是人們熟知的吉祥之鳥，這個名字也非常的吉祥喜氣。

雪爪盧：中國古代戰國時期韓國的良狗叫做「韓盧」或者「盧狗」，盧因此也作為良犬的代名詞。這隻狗四個爪子是白色的，所以叫做「雪爪」。

蒼水虯：虯音同求，是古代傳說中的無角龍。這個名字形容這條狗行動敏捷，身材纖長。

蒼猊：猊是狻猊的簡稱，指的是獅子。蒼猊是十隻獵犬中唯一的獒犬，長得非常強壯，有獅子的威儀，故而得名。

4
千秋和萬歲

故宮裏的怪獸們召開緊急會議，這可是很少見的事。

我是在會議後半程才走進中和殿的。

我走進去的時候，天馬正大聲說：「我們必須封鎖午門至東華門城牆，以及東南角樓，確保不讓一個人或一隻動物在晚上靠近那裏。」

行什疑惑地看着天馬：「用得着這麼緊張嗎？」

龍卻點頭說：「天馬說得沒錯，我們必須緊張起來，進入戰備狀態。」

封鎖？戰備？我是聽錯了，還是在做夢？

我使勁揉了揉眼睛，問：「難道故宮要打仗了嗎？」

「雖然不是戰爭，但是故宮的確面臨危險。」斗牛輕聲說。

「誰能告訴我，到底發生了甚麼事？」我大聲問。

怪獸們有點兒猶豫，沒人回答我的問題。

「如果不想告訴我，你們為甚麼讓梨花通知我來開會？」我反問他們。

「我們……只是想讓你最近晚上不要出門，尤其不要上城牆和東南角樓。」斗牛說。

「就這樣？」我攤開手問。

「不，」角端說話了，「我覺得應該把這件事的危險性告訴人類。」

恰恰這時候，楊永樂走了進來，他來得真是時候。他看起來已經睡了一覺，還睡眼惺忪地穿着睡衣。

「你真的覺得要告訴那兩個孩子發生了甚麼嗎？」龍問角端。

「是的，龍大人。」

「唉，好吧。」龍歎了口氣說，「不過，這可真夠丟人的。」

「丟人？」我更好奇了。

「是的，這件事對於守護故宮的怪獸們來說，是一種恥辱。」角端看看我又看看楊永樂，才接着說，「十年前，有

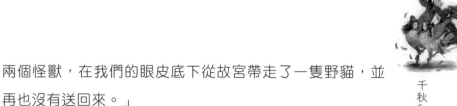
兩個怪獸，在我們的眼皮底下從故宮帶走了一隻野貓，並再也沒有送回來。」

「那隻野貓是我祖母的弟弟，叫白胖。喵——」野貓梨花接過話說，「我很小的時候就聽媽媽說起過這位舅爺爺。她說不知道是不是出生在冬天的原因，白胖生下來就不太愛說話，但仍然是一隻很好的野貓。可惜……」

「你們的意思是說白胖很可能被兩個怪獸吃了？」我瞪大了眼睛。

「凶多吉少。」角端說。

「怪獸博士，你怎麼會不知道呢？你不是知道這世界上發生的所有事嗎？」我問角端。

「我只知道人類世界的所有事情。白胖被那兩個怪獸帶去了我感知不到的世界，所以我才說他可能凶多吉少。」角端回答。

「到底是哪兩個怪獸，能在你們的眼皮底下把野貓從故宮帶走？」楊永樂也參與進來。

「他們叫作千秋和萬歲，是兩個人面鳥身獸。」角端耐心地解釋着，「說實話，在我的印象中他們是象徵長壽的瑞獸，並不是惡獸。十年前那件事情發生後，我又詳細查閱了人類對他們的記載，證明自己的印象沒出錯。無論是在《隋書》還是在《抱朴子》裏，對千秋、萬歲的記載都是正

面的，沒有任何不好的記錄。正是因為這樣，我們才忽略了對他們的防備，讓他們有了可乘之機。」

「如果是這樣，有沒有可能是白胖自己溜出了故宮，而並不是被千秋和萬歲帶走的呢？」楊永樂猜測說。

「有動物親眼看到，千秋用爪子抓住白胖飛離了故宮，喵──」梨花強調說，「而且不止一隻。白胖是從鐘錶館被帶走的，當時幾乎鐘錶館所有的野貓都看見了。」

「他們為甚麼這麼做？」我仍然覺得這件事很不可思議。

「不知道。」角端說。

這還是我頭一次聽到這位怪獸博士說「不知道」三個字。

「也許，只是因為餓了，想嚐嚐貓肉的味道，喵──」梨花表情悲傷地說。

「別這樣說，也許白胖還活着。」我安慰她。

「如果白胖真的還活着，這次千秋、萬歲就應該把他帶回來。」這次說話的是斗牛。

我吃了一驚：「難道那兩個怪獸又來故宮了？」

「是的，就在今天晚上。」龍說，「我們必須採取些措施，保證故宮裏所有的人類和動物不受到傷害。」

「是，龍大人！」斗牛說，「我會讓天馬、行什、嘲風

守在角樓和城牆上，讓椒圖守住大門，讓狻猊、獅子和朝天吼在故宮裏巡邏，並讓其他所有怪獸都保持警惕。」

「這次，大家一定要守護好故宮，這關乎神獸的名譽。」龍用低沉的聲音說。

「是！」所有的怪獸齊聲回答。

離開中和殿以後，我和楊永樂一直悄悄跟在角端的身後。在走到太和殿前廣場的時候，角端終於轉過身來：「好了！別跟着我了，有甚麼問題，你們就問吧。」

「千秋和萬歲每隔十年就會來故宮一次嗎？」我搶在楊永樂之前問。

「不，他們甚麼時候會來故宮，完全是由人類決定的。」角端的回答讓我大吃一驚。

「我不明白……」

楊永樂卻打斷了我，說：「我想他們應該是某件文物上的怪獸，一旦這件文物在故宮裏展出，千秋和萬歲就會來到故宮。」

「聰明的男孩。」角端讚賞地點頭說，「你分析得完全沒錯，千秋和萬歲都是大約一千五百年前南朝時期的怪獸，他們的形象經常被雕刻在墓穴中的石磚上，所以很多人也叫他們鎮墓獸。」

「墓穴？」我打了個冷戰，「怪不得他們那麼可怕……」

「不，實際上大多數鎮墓獸都是很好的怪獸。」角端搖頭說，「千秋和萬歲也被認為是很好的怪獸，但看來古人對他們的喜好了解得並不全面。」

「他們這次出現和在故宮角樓裏籌備的古代磚瓦展有關係嗎？」楊永樂問，他把手盤在胸前，看樣子在打甚麼主意。

「你猜對了，這兩個怪獸來自於南朝的千秋萬歲人首鳥身紋磚。」角端點頭說，「不過，我勸你不要去冒險，楊永樂。有的時候，怪獸們的行為並不總是那麼有理智。」

「謝謝你的建議，角端。」楊永樂微笑着點頭說，「我們一定會小心的。」

我們告別了角端，朝着西三所的方向走去。但當角端消失在太和殿大門後面時，楊永樂立刻拉着我改變了方向。

「你要帶我去哪兒？」我一邊跟着他小跑，一邊問。

「去角樓。」他小聲說。

「為甚麼？那裏不是很危險嗎？」我一下子停住了腳步。

「我覺得怪獸們知道的不是真相。」楊永樂說，「那隻野貓身上一定有甚麼其他故事。」

「但萬一就像怪獸們說的那樣，那我們去角樓很有可能會被千秋和萬歲抓走。也許他們今天正好想換換口味，吃

點兒人肉。」我說。

「如果真是那樣，我一定會讓他們吃我，不吃你。」

聽他這麼說，我還真有點兒感動。

「你真要去看看那兩個怪獸？」我問。

「是的，我猜想，千秋和萬歲可能在隱瞞甚麼。如果我的猜想是對的，那可就有意思了！」

他繼續朝角樓的方向跑去。我有點兒猶豫，但還是跟了過去，並不是因為好奇心，而是因為我不放心楊永樂一個人去面對兩個陌生的怪獸。

還沒走到城牆，我們就碰到了狻猊。他看到我們後很不高興。

「你們兩個這時候應該在睡覺，」狻猊說，「而不是出現在這裏。」

「也許我們就是在夢遊。」楊永樂的笑話一向不好笑。

「那就趕緊回到牀上去吧。」狻猊轟我們走。

楊永樂沒有反抗，他拉着我往回走，然後趁狻猊不注意時轉了個彎。我們躲在南庫後面，直到狻猊走遠。

我們彎着腰登上高高的城牆，涼爽的風吹亂了我的頭髮。遠處，城市的霓虹燈還亮着。月光靜靜地灑落，不遠處的角樓，一個怪獸坐在魚鱗般的屋頂上，翅膀在他身後隨風飄動。儘管離得很遠，我也能認出，那是行什。

想躲過三個神獸的巡邏並不容易，直到我的腳已經站在了角樓的屋裏，我也沒弄明白我們是如何做到的。

角樓裏漆黑一片，很久，我的眼睛才適應了這種黑暗。而此刻，楊永樂已經在與甚麼人說話了。

「你們好！」他的聲音輕極了，「如果我沒猜錯，你們就是千秋和萬歲吧？」

他的對面是兩個比我們高一頭的怪獸的黑影，他們拖着大大的翅膀和長長的尾巴。我有些後悔跟着楊永樂跑來了。

「你們是外面的那幫怪獸派來的嗎？」一個細細的聲音問。

「不，是我們自己偷偷跑來的。」楊永樂回答。

「你們真不該來這裏。」這次響起來的聲音很粗，和剛才完全不同。我打了個冷戰。

「我們想知道關於白胖的事情。」楊永樂的聲音有點兒抖，看來他也開始害怕了。

「白胖是誰？」又是一開始細細的聲音。

「一隻野貓，白色的，聽說十年前你們從故宮裏帶走了他。」楊永樂居然還能繼續把事情說完，我真有點兒佩服他的勇氣了。

「啊！那隻野貓啊！」

我的眼前「呼」地一亮，兩個怪獸發出了淡淡的光芒。我一下子屏住了呼吸。

他們和我想的完全不同，他們不但不醜、不兇惡，反而非常美，我敢說，他們是我所見過的最美的怪獸！

他們一個長着女人臉，一個長着男人臉，無論是女人臉還是男人臉都比我見過的神仙還要美麗。他們都長着鳳凰般的身體，五彩的羽毛閃着絢麗的光芒，長長的尾羽浮在半空中，像是飄動的絲帶。

我能想像出的最完美的神獸，應該就是眼前千秋和萬歲的模樣。

「你們好，我是萬歲。」女人臉的怪獸用細細的聲音說，她說話的樣子是那麼優雅，「他是千秋 —— 我的弟弟。」

「你……你們好。我是楊永樂。」楊永樂慌張之下，居然鞠了一個躬，我差點兒笑出聲來。

「我是李小雨，你們……真美！看起來一點兒都不像……」我趕緊捂住嘴，差點說錯話。

「一點兒都不像吃貓的怪獸？」萬歲笑了起來。

我往後退了一步：「你們……知道？」

「我們當然知道外面那羣怪獸是怎麼想我們的。」千秋說，「不過，你們不用怕。我們不吃人，其實我們連肉都不

碰。我們倆是素食者。」

「那你們把白胖帶到哪裏去了呢？」楊永樂問。

「你們想聽實話嗎？」千秋問，「如果你們能保守祕密，我可以告訴你們。」

「當然。」我和楊永樂一個勁兒地點頭。

「十年前，我們第一次碰到那隻野貓是在斷虹橋上。那時候我和萬歲正乘着晚風飛翔，看到一隻野貓站在橋上準備跳下去。」

「你說白胖當時要自殺？」楊永樂吃驚地問。

「看起來是這樣。所以，我救了他，在他跳下橋的一瞬間，我用爪子抓住了他。」

「然後呢？」

「然後，我把他扔到遠離水邊的草地上，問他發生了甚麼。他哭着告訴我，他已經太老了，病痛折磨着他，其他野貓嘲笑他，他只想離開這裏。」千秋歎了口氣說，「萬歲告訴那隻野貓，離開這裏並不一定要去死。世界很大，肯定有他可以幸福生活的地方。那只野貓並不太相信，這也難怪，從出生起他就沒離開過故宮。於是，萬歲就提起了我們的家鄉。」

「你們的家鄉？」

「對，孟舒國——一個很小的國家，卻非常美。在那

裏，我們和神鳥們一起四處飛翔，大家都擁有上千年的壽命。我們原本以為，我們古老的血統就是我們長壽的祕密。但那隻野貓的到來，改變了我們的想法。」

「你們帶着白胖去了孟舒國？」我問。

「是的，萬歲非要帶他去，她的同情心總是那麼豐

富。」千秋朝他姐姐努了努嘴。

「他⋯⋯還活着嗎？」楊永樂問。

「怎麼說呢？那隻野貓去孟舒國的時候已經快十八歲了，至少他自己這麼說。你們應該知道一隻貓最多也就活二十歲左右。」

「所以，他已經死了？」

「好吧，讓我把剛才的故事講完吧。」千秋接着說，「我說了，我們原本以為我們的長壽是因為血統，但是那隻老貓改變了我們的想法。因為，當他到了孟舒國以後，不但沒有越來越老，這十年來，他還越來越年輕，越來越有活力。我估計，沒甚麼意外的話，他再活一百年都沒甚麼問題。」

「他還活着？」我有點兒不敢相信，「那你們為甚麼不帶他回故宮看看？這樣也能讓故宮裏的神獸們不再誤解你們。」

「我們不能這樣做。」萬歲說話了，「因為如果故宮裏的其他野貓知道了這件事，知道孟舒國可以讓貓長生不老，估計都會想辦法找到我們的國家。而貓類是鳥類的天敵，我們的家鄉是神鳥之國，一隻貓還可以忍受，但如果這麼多貓都跑過去，你們覺得會怎樣？」

「我能想像。」楊永樂說，「我看到過野貓們捕麻雀、

鴿子、喜鵲的樣子。」

「那你們為甚麼不把真實情況告訴故宮裏的怪獸們呢？」我還有些想不明白。

「讓那些神獸們守護故宮沒問題，可要是保守祕密就不行了。我聽說龍大人喝醉了以後甚麼事情都會說出去。」千秋說。

「你說得太對了！」楊永樂連連點頭。

「所以……」

「我們會保守祕密的！」我回答。

千秋和萬歲都笑了。

┃ 故宮小百科 ┃

千秋萬歲：鎮墓獸，是中國古代常見的隨葬冥器，古人用這些怪獸保護死者的靈魂不受惡鬼侵害，幫助他獲得來世的榮華富貴。本篇故事中的「千秋萬歲」就是這樣一對鎮墓獸。東晉葛洪在《抱朴子·內篇》中寫道：「千歲之鳥，萬歲之禽，皆人面而鳥身，壽亦如其名」，於是這種人面鳥身的形象被稱作「千秋萬歲」。這是文獻中最早有關「千秋萬歲」形象的記載。目前最早所見的「千秋」形象出現在敦煌佛爺廟灣M1號西晉墓的畫像磚上，其形象是：一足站立，人面鳥身。1958年河南鄧縣南北朝時期畫像磚墓出土的一塊彩色畫像磚上，有分列左右的「人頭鳥身」「獸頭鳥身」圖像。左邊的人面鳥身鳥爪形象的身後有「千秋」的榜題，右邊的獸首鳥身鳥爪形象的身後有「萬歲」的榜題。隋唐時期，「千秋萬歲」逐漸從壁畫、畫像磚的平面形象向陶俑雕塑轉變。1973年7月，合肥市西郊焦崗頭(巫大崗)隋墓中出土了一對人面鳥身俑。它們一隻為戴冠男性，一隻為梳雙髻女性，上身為人，下身為鳥，雙手拱於胸前，穿着寬鬆開襟上衣，翅膀合攏。

5
孤獨的毛女

遊客們離開後，養心殿總是很安靜。

這座宮殿曾經是皇帝的寢宮，每天都會吸引大量懷着獵奇心的遊客來參觀。他們擠在大殿的門口，趴在三希堂的玻璃窗上，猜測着皇帝在這裏生活、休息的樣子。

但當黃昏來臨，故宮關門謝客後，這裏就成了整個故宮裏最安靜的地方。很少有動物光臨，怪獸也不喜歡在這裏聚集。哪怕是偶爾路過的飛鳥，也不會在這裏停留。

所以，當我需要思考些事情，尤其是一些令我痛苦的事情而不希望被任何人打擾時，我就會來到這裏。看着天邊的紅霞一絲絲褪去，天空漸漸被黑暗籠罩。

但今天，天黑得似乎特別快。一眨眼，四周就變成了一片深紫色。就在這個時候，我看見一個女孩，她孤零零地站在三希堂門前。從外表看她比我大不了幾歲，但她的眼神卻像個老人。她穿的衣服很奇怪，似乎是用樹葉編織成的，她的頭髮用一根樹枝在頭頂盤起，她的身上背着一把古老的瑤琴。

昏暗的光線下，我能看到她有一張動人的臉。她呆呆地望着天空，沒發現我的存在。

我打算假裝若無其事地搭話，然而一張嘴就開始結巴：「晚……晚上好……好。」她很吃驚，不過還是朝我點了點頭。

我走近她，發現她的手和腿上長滿了濃密的綠毛，臉卻潔白如玉。

「你……你一直住在故宮裏嗎？我從……從來沒見過你呢。」我結結巴巴地問。

她微微一笑，嗓音輕柔：「不，我的家在華山。不過，我在這裏也待過一陣。」她抬起長滿綠毛的手指了指三希堂。

三希堂是皇帝的書房，收藏着大量珍貴的書畫。她應該是從那些古老書畫裏蹦出來的，我猜。

「我叫李小雨，你呢？」我的膽子大了一點兒。

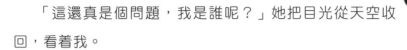

「這還真是個問題，我是誰呢？」她把目光從天空收回，看着我。

不知道自己是誰，這可夠讓我意外的。「難道你失去記憶了？」我問道。電影裏一般都會這麼演。

「不，不，我的記性好着呢，一千年前的事情我都記得。」她搖搖頭說，「只是我不知道該怎樣向你介紹自己。」

我的腦袋裏突然跳出一個可怕的想法，這個想法讓我又結巴起來：「你、你不會是……妖怪吧？」

「妖怪？哈哈哈。」她大笑起來，「好久沒聽到這麼好笑的事情了。和你說實話，我不但不是妖怪，人們還都叫我仙女呢。」

哪有長成這個樣子的仙女？我見過的仙女可都是擁有光滑肌膚，穿着漂亮絲綢衣裙的美女，這個女孩一定是在吹牛。

「你不信我也沒辦法。」她歎了口氣說，「還是凡人的時候，我的名字叫玉姜，但是現在，大家都叫我毛女。」

我點點頭，我能理解為甚麼大家叫她「毛女」。

「你天生就長成現在這個樣子嗎？」我有點兒好奇。

「當然不是。」她抬起胳膊看了看上面的綠毛說，「但我不討厭這些毛，它們恰恰是我成仙的標誌。」

「我還是第一次見到你這樣的仙女。」我聲音很輕，怕

會惹她生氣。

但她似乎並不在意。

「那你想不想聽聽我的故事？」她用力吸了一口氣，就開始講下去。

「我出生在兩千多年前的楚國……雖然我看上去只有十五歲，但實際上我已經活了兩千多年。」她自言自語，講起了自己的經歷。

玉姜的父親是楚國的貴族，很疼愛自己的女兒。當他發現玉姜在音樂方面的才華時，就找來楚國最優秀的琴師教玉姜撫琴。但幸福的生活在玉姜十四歲的時候結束了。秦國吞併了楚國，玉姜的父親死在了戰場。玉姜則被秦國的士兵擄走，成了奴隸。因為她生得美麗，又彈得一手好琴，就被當作禮物獻給了秦王。

但是沒到一年，更大的災難就來了。統一了六國的秦始皇開始為自己修建豪華的陵墓，並挑出很多宮女準備為自己殉葬，其中就有玉姜。

「我不能死啊！」玉姜想，於是她決心逃跑。

她從宮殿的窗口跳出去，落在了一個荷花池裏。水很涼，不過幸好水池很淺。她踉踉蹌蹌地摸到池邊，從蘆葦叢中朝皇宮張望。皇宮裏，叫人害怕的怪叫聲隨風飄來。那幫傢伙發怒了——因為玉姜失蹤了。

她鑽進一片樹林，撒開腿跑起來，直到眼前出現一堵高高的宮牆。那裏沒有門也沒有台階。玉姜沿着牆根兒拚命跑，突然看到一塊大石頭。身輕如燕的她快速爬上石頭，蹬住磚縫縱身一躍，翻過了高牆。

她再次奔跑起來，不知道跑了多久，玉姜的身後響起了馬蹄聲，秦始皇的士兵們追來了。玉姜用盡最後的力氣又跑了一陣後，再也堅持不住，摔倒在地，她聽到了追兵們的尖叫聲，掙扎着想爬起來，但卻力不從心。士兵們追了上來。一個傢伙粗暴地朝她的肚子踢了一腳，頓時，她全身顫抖，眼前一黑，就甚麼也不知道了。

昏迷中，玉姜模模糊糊地感覺到有人給她餵水和食物。不知道過了多久，玉姜醒了過來。

她發現自己躺在厚厚的松枝上，她有一種奇妙的、飄飄然的感覺。這種感覺既令人興奮，又讓人暈眩。還沒等她琢磨出到底是怎麼回事，一位老人就出現在她面前。

他告訴玉姜，他是個道士，叫作谷春。谷春的頭髮、鬍鬚全白了，看起來像是個仙人。

「我不知道那些士兵為甚麼追你，但我知道你是個可憐的無家之人。」谷春說，「我已經帶你躲進了深山，他們追不到這裏。但如果你想活下來，只能按照我教你的方法生活。」

玉姜立刻跪倒在地，感謝谷春救了她的命。

谷春點點頭說：「我已經找到一處適合你居住的山洞，跟我來吧。」

玉姜站起來，跟在谷春身後。奇怪的是，她每走三四步，身子就會騰空而起。一、二、三，飛！一、二、三，飛！她控制不住自己的身體，只能邊走邊飛，在山林裏快速地穿梭着。谷春雖然沒有飛起來，但走得比玉姜還快，一直在她的前面。

在華山的山頂，雲霧繚繞之處，一個山洞出現了。谷春停下腳步，對玉姜說：「從今以後你就在這裏生活、修煉吧。」

「道長，我能問您個問題嗎？」玉姜終於忍不住開口了。

谷春點了點頭。

「我真的還活着嗎？」

谷春看着她的眼睛說：「如果說是作為凡人的生命，那你已經走到盡頭。」

玉姜瞬間流下眼淚：「那我現在是鬼嗎？」

「當然不是。」谷春搖着頭說，「你將永遠不會變成鬼魂。因為，你已經在成仙的路上。」

「成仙？」玉姜大吃一驚。

「是的。但記住我的話，你必須只吃萬年松的松葉、松花和松仁，不能碰其他的食物。」

「要是碰了呢？」

「那就會變回普通人，迅速衰老、死去。」

說完，谷春轉身朝山下走去，不久便消失在山林的霧氣裏。

從此，玉姜住在森林深處，只吃萬年松的松葉、松花和松仁。她逐漸感覺不到飢餓和寒冷，她的身體越來越輕，走起路來就像仙鶴飛翔一般。

雖然在山林裏的生活自由自在，但是玉姜仍感到孤獨和寂寞。於是，她從森林裏找到一棵千年的杉樹，用它的木頭做成一把瑤琴。每天夜色降臨時，她就會在山洞裏獨自撫琴，回憶童年的快樂時光。

一天，玉姜在泉水裏洗澡時，看到自己的身上長出了綠色的絨毛。她很害怕，躲在山洞裏好幾天都不願意出來。但慢慢地，她發現雖然皮膚上長出了綠毛，但是不疼不癢，絲毫不影響自己的生活。晚上，她走出山洞，仰望星空，腦海中出現了很多不同尋常的場景。玉姜忽然意識到，自己擁有了預測未來的法力。

她成仙了。

人類的足跡慢慢向深山蔓延。最初幾百年，她偶爾碰

到的人類都是深入山林打獵的獵人們。他們一開始怕她，後來喜歡和她聊天，聽她撫琴，還經常帶美酒給她品嚐。她也會贈送一些萬年松的松子和松脂給獵人們。他們叫她「毛女」，知道她的故事後，就稱她為「毛女仙姑」。她偶爾會為他們占卜未來，但是名聲傳出去後，來詢問的人越來越多，她只得又躲進更深的山林。

大約八百年前，越來越多的人來到她所在的山林居住，他們砍掉樹木建立村莊。毛女可以躲藏的山林越來越少。就在這時，西王母找到了她，希望她做自己的侍從。仙界的生活是毛女一直嚮往的，於是她跟隨西王母去了崑崙山。

仙界的生活如她想像般美好，仙人們住在美如畫的仙境裏，喝着鮮果釀成的美酒，過着逍遙的生活。可是毛女卻覺得自己並不屬於這裏。一天，她路過華山的山林，發現一位畫家正在那裏作畫。畫家也發現了她，畫家早就聽說過毛女的故事，於是把她畫進了畫裏。毛女很喜歡畫中的山林，趁着畫家不注意的時候，她鑽進了畫裏，從此生活在畫中的山林裏。

我呆呆地看着毛女：「生活在畫裏？真難以置信。」

毛女笑了起來：「是嗎？」

「不會不方便嗎？」

「不會，反而很自在，因為不會有人打擾。」毛女回答，「當我覺得寂寞或者想喝酒的時候，我就會像今天一樣，從畫裏走出來，看看外面的世界。」

她突然轉過頭望着我問：「小雨，你那裏有酒嗎？」

「酒？」我愣了一下，「你想喝酒？」

「是啊，好久沒喝了。你能弄到嗎？哪怕一杯也好。」

我想起媽媽辦公室的櫃子裏放着一瓶不知道誰送來的葡萄酒。

「你等我一下。」

毛女點點頭。

我飛快地跑回西三所。確認媽媽還沒回來後，我迅速從櫃子裏拿出了葡萄酒，朝着養心殿跑去。

毛女像雕塑一樣坐在三希堂旁邊的石階上，仰望着天空。

她高興地接過葡萄酒：「謝謝了！可惜我今天沒有甚麼東西可以送給你。」

我搖搖頭說：「你的故事就是很好的禮物。」

毛女擰開瓶蓋，「咕嘟」喝了一大口葡萄酒：「真好喝啊，有一種玫瑰色的黎明到來的感覺。」

「活兩千年是一種甚麼感覺呢？」我忽然有點兒好奇。

「甚麼感覺？」毛女想了一會兒才回答，「無論發生甚

麼事情，對我來說都是一剎那。比如現在，我認識你不過半個時辰，但對我來說，半個時辰和幾十年都是一樣的，因為回憶起來都是一剎那的事而已。」

「怎麼會？我⋯⋯不明白。」

「你不用明白，小姑娘。」她微微一笑說，「你只要記住，哪怕再過兩千年，這世上仍然有我記得你。」

她又喝了一口酒，緩緩對我說：「所以，一定要讓自己活得長久一些。當我在秦國像奴隸一樣被對待時，我曾經覺得自己的一生都不會再快樂。但現在看來，多麼傻啊！痛苦的時間不過是短短一年，對現在的我而言就是一剎那。同樣，你今天也許在為甚麼事情痛苦，但是等你活到了四五十歲，你就會發現，一時的痛苦放在漫長的時間裏，是那麼短暫，而且沒甚麼大不了。你明白嗎？」

我搖搖頭，又點點頭。

夜深了，我不得不和毛女告別。

第二天放學，我路過養心殿的時候，發現三希堂前擠滿了遊客。宮殿門口的海報上寫着「台北故宮藏宋朝李公麟《毛女圖》首次在北京故宮展出」。我擠到最前面，看到畫中的毛女騎着白鹿在深山中自在地遊蕩着。不知道是不是我眼花了，我看見她的背囊裏有一個隱隱露出來的玻璃瓶瓶口，那樣子非常像我送給她的葡萄酒瓶。

故宮小百科

三希堂：位於故宮養心殿西暖閣，原名溫室，後改為三希堂。它是乾隆皇帝的書房，乾隆皇帝書寫的「三希堂」匾額和《三希堂記》，至今還懸掛在牆上，匾額兩側對聯為「懷抱觀古今；深心託豪素」。書房名「三希」有兩種說法，一是說「三希」即「士希賢，賢希聖，聖希天」，意思是士人希望成為賢人，賢人希望成為聖人，聖人希望成為知天之人，鼓勵人們不懈追求，勤奮自勉。也有說法稱「三希」指的是愛好文藝的乾隆皇帝收藏在這間書房的晉朝王羲之《快雪時晴帖》、王獻之《中秋帖》和王珣《伯遠帖》三件稀世珍寶。乾隆十二年（1747年）至乾隆十五年（1750年），皇帝下旨將皇宮所藏歷代書法作品編撰為《三希堂石渠寶笈法帖》（簡稱《三希堂法帖》）。法帖共分三十二冊，刻石五百餘塊，收集魏晉至明末共一百三十五位書法家的三百餘件書法作品。目前《三希堂法帖》三件最珍貴的書法作品中，《中秋帖》《伯遠帖》收藏於北京故宮博物院，王羲之《快雪時晴帖》收藏於台北國立故宮博物院。

神仙院

6
沉睡百年的朱雀

「看！太和殿門前擠滿了人。」

今天放學早，我和楊永樂路過太和殿廣場時，只能從遊客中間擠過去。

「這有甚麼奇怪的？每天這裏的遊客都很多。」楊永樂望了望擠在大殿門前的人羣說，「誰都想看看皇帝的寶座，哪怕只能站在門口，遠遠地望上一眼。」

「你說，要是清朝的皇帝看到今天的場景會不會氣死？」我笑着說，「他用來舉行重大典禮的、最豪華的宮殿，今天卻成了旅遊景點，誰都可以裏裏外外看個遍。」

楊永樂聳了聳肩：「要是清朝皇帝真的穿越到現在，氣死之前估計會先被飛快的汽車、古怪的高樓、播放廣告的大液晶屏⋯⋯這些東西嚇暈過去。」

已經是九月了，天氣依然熱得要命，一點秋天的影子都沒有。

我擦了擦頭上的汗，問：「要不要去冰窖咖啡館喝一杯蜜桃烏龍奶茶？」

楊永樂搖了搖頭：「不去。那兒的奶茶太貴了，王府井街邊的奶茶店，十塊錢就能買一杯，冰窖咖啡館卻要二三十塊錢呢。」

我有點兒失望。冰窖咖啡館的奶茶是有點兒貴，但是卻很好喝，尤其是蜜桃烏龍奶茶，桃子味的紅茶上覆蓋着厚厚一層奶油，又香又濃。想到這兒，我的口水都要流出來了。不行不行，今天晚飯後，我怎麼也要去趟冰窖咖啡館，喝一杯冰奶茶。

冰窖咖啡館是去年開業的，和它一起開業的還有冰窖餐廳。我沒在冰窖餐廳吃過飯，但是媽媽有一次在那兒請客人用餐，曾經給我帶回來一盒精緻的小茶點：只有大拇指大的小窩窩頭、梅花形狀的棗泥酥和黃色的小絨雞造型的酥皮點心。其他點心都被我一口吞進了嘴裏，只有那

隻「小絨雞」放了好幾天我都沒捨得吃，因為它實在太可愛了。

在冰窖咖啡館和餐廳開業以前，冰窖就是冰窖，清朝的時候這裏是皇宮中專門藏冰的地方。聽媽媽說，以前每年立冬以後，故宮周圍的筒子河就要涮河淨水。先把水草和水面上的髒東西清除掉，再把浮面上的髒水放走。河水乾淨後，人們會用木板搭建臨時的小水壩，把水儲藏起來。等到冬天最冷的時候，水壩裏的水都結成了硬硬的冰。伐冰的人會選擇最明淨、厚實的冰，把它們切成方方正正的大冰塊，拉到冰窖裏碼放整齊。等到冰窖裝滿了冰塊，人們就把大門一關，等着夏天的時候用。在沒有空調和電風扇的古代，這些冰塊會在夏天最熱的時候，幫助皇室消暑降溫，並在各種祭祀儀式中派上用場。

現在，我們已經有了冰箱、冰櫃，想甚麼時候凍冰塊就可以甚麼時候凍。再熱的夏天，空調也能讓我們在走進房間的那一刻，找回春天般的感覺。不會再有人費那麼大的力氣去伐冰，冰窖空了下來，上百年的時間內都很少有人再進去。直到把它改成咖啡館和餐廳，冰窖才迎來新的客人。

我到冰窖的時候，已經是傍晚了，天空中淡紫色的雲

朵比春天的杜鵑花還要美麗。

　　咖啡館關門了，只剩下一位店員還在做最後的整理。我沒理會那塊「停止營業」的小木牌，推門走了進去。

　　梳着馬尾辮的店員有點兒吃驚地轉過頭，看到是我以後才鬆了口氣：「你今天來晚了，小雨。」

　　「別這樣，小薇姐，做一杯奶茶用不了幾分鐘。」我撒嬌說。

　　「是用不了幾分鐘，但我已經把攪拌器洗乾淨了。」

　　「喝完以後我來洗攪拌器！」

　　小薇姐看着我，無奈地歎了口氣：「好吧，要甚麼口味的？還是蜜桃烏龍？」

　　我開心地點頭：「沒錯，就是蜜桃烏龍。」

　　小薇姐手腳利索地沏烏龍茶，攪拌桃子和冰塊，最後再在上面擠上漂亮的奶油花。也就幾分鐘的時間，一大杯奶茶就做好了。

　　「快點喝，喝完我要鎖門了。」說完，她就去忙自己的事情了。

　　我端着奶茶，一邊喝一邊在院子裏溜達。溜達到一面銀色的影壁後面時，我發現，半圓形的小拱門裏，餐廳的木門居然是打開的。

　　能在下班後參觀一下冰窖餐廳也不錯，這樣想着，我走進了餐廳的大門。

餐廳裏靜悄悄的，一個人也沒有。我抬頭打量着餐廳，這裏保持着冰窖原來的模樣，房頂是弧形的，牆壁就是厚實的青磚。雖然已經不再儲藏冰塊，但是一進門仍然有清涼的感覺。

「唰，唰……」

耳邊突然傳來了這樣的聲音，就像有隻鳥在離我不遠的地方扇翅膀一樣。

是風聲嗎？我朝門外看了看，院子裏花草的葉子動都沒動一下。

「唰，唰……」

聲音好像是從冰窖裏傳出來的。我慌了，朝四周看去，只見餐廳盡頭有條通向地下室的台階，聲音正是來自那個方向。

我小心翼翼地走下台階，發現地下室也被裝點成了餐廳的模樣，一條條乾淨的長桌周圍整齊地擺着座椅。餐廳的中央，一隻紅色的大鳥正扇動着翅膀。她的羽毛如火一般鮮紅，頭上的冠像盛開的石榴花，長長的尾羽捲曲着，身後閃耀着橙紅色的光。

「總算有人來了。」大鳥看到我一點也不吃驚，但在看清我的樣子後，她露出了奇怪的神色，「敢問……汝為道士

為薩滿？」

我笑了：「我既不是薩滿巫師，也不是道士。」

「原來如此，汝為宮人也。」

「宮人？不，我也不是宮女。這裏已經沒有宮女、太監、侍衞、道士、薩滿巫師這些人了。」我說，「你能不能像我這樣說話，而不是說古文？我知道神獸都有適應人類語言的能力，我們現在已經不像你那麼說話了。」

大鳥的眼睛睜得大大的，她愣了足足五分鐘，才重新開始說話：「汝……哦，不，你說這裏沒有宮女、太監、侍衞、薩滿巫師之類的人了，那皇帝怎麼辦？」

「當然也沒有皇帝，皇帝已經消失上百年了。」

「皇宮裏沒有皇帝？」她看起來不大相信。

「是的，現在這裏是博物館，名字叫作故宮博物院。沒有人住在這裏，大家只在這裏工作，修復些文物，搞搞展覽甚麼的。」我回答，看來這個怪獸至少一百年沒有出現在故宮裏了。

「博物館？這個新名字真奇怪。」大鳥吃驚極了，她來回走了幾圈，又抬頭看看冰窖的房頂，才重新停下來問，「好吧，先不管這裏發生甚麼事了。你能告訴我這裏的冰都去哪兒了嗎？夏天的時候，這裏難道不該堆滿冰塊嗎？」

我忍不住哈哈大笑起來：「現在我們已經不需要儲藏冰塊，這裏現在是餐廳，也就是吃飯的地方。不過這個時間餐廳已經關門了，如果你在營業的時候出現，服務員應該能給你弄到一杯冰塊。」

「沒有冰？那……那麼……我怎麼辦？」大鳥慌張起來。

「能告訴我你是誰嗎？又為甚麼會出現在冰窖裏？」我決定先弄清楚是怎麼回事。

她抬頭看着我說：「我乃四靈之一的朱雀，不知道你有沒有聽說過我的名字？」

「當然，天啊！你是朱雀 —— 中國最古老的神獸之一？」我捂住嘴，不讓自己叫出聲。

我一直都感到奇怪，故宮裏有那麼多刻着朱雀形象的文物，為甚麼這個怪獸卻從來沒出現過。今天，她終於站在我面前了。我早該想到的，火紅羽毛的神鳥還能有誰？當然只有朱雀 —— 南方之神，代表火和夏季的神獸。

朱雀似乎受到些安慰：「看來這兩百年來，人類並沒有忘記我。」

「你已經有兩百年沒在故宮裏出現了？」

「是的。我每兩百年才會甦醒一次，除非有人特意把

我喚醒，但這種事近六百年都沒發生過。」朱雀露出了悲傷的神情，「我是火象神獸，每次甦醒我都必須找一個極寒之地來降低身體的溫度。這樣才能保證，未來的兩百年，我的羽毛不迸發出火星，引起火災。但是，我每次甦醒都是盛夏結束之際——我是夏季的神鳥，這是我的宿命。所以，每次醒來，我都會來到這裏，用冰塊為自己降溫。我從沒想過，有一天，這裏會變成一個餐廳……」

「只需要個很冷的地方就可以嗎？」我托腮思考。

「是的。」朱雀點點頭。

「你……能隨意變化身體的大小嗎？」我接着問。

「可以是可以，不過要變多大？」朱雀被我問糊塗了。

「不是變大，是變小，變得像烏鴉一樣小，可以嗎？」

「這很簡單。」朱雀自信地點點頭。

「那我幫你找個地方降溫。」

當我把朱雀帶到我媽媽辦公室裏的冰箱前面時，她怎麼也不相信眼前這個長着細細「尾巴」（其實是電線）的大「白盒子」能製作冰塊。直到我打開冷凍室的門，她看見那些被凍得硬邦邦的食物時，才確信我沒有吹牛。

「這是怎麼做到的？」她的鳥嘴張得老大。

「科技的力量。」我只能這樣回答她。我也不知道電冰

箱的工作原理，要是元寶在就好了，他肯定知道。

一眨眼的功夫，朱雀就變小了，小得足可以讓我把她放進冷凍室的抽屜。為此，我拿出了不知已經儲藏了多久的凍肉、速凍餃子，以及一盒不知道甚麼時候做的炒蘑菇，甚麼食物我媽媽都喜歡往冰箱裏塞，但卻總是忘了再把它們拿出來。

「你需要新鮮空氣嗎？」關冰箱門前我問。

「不需要，我可是神獸。」朱雀舒舒服服地趴在冰格裏，一副很自在的樣子。

「你要在裏面待多久？」

「一個時辰就夠了。」

我在冰箱前守了兩個小時，連作業都是搬到冰箱前面寫的，就是怕朱雀叫我的時候，我聽不見。在我剛寫完作文的時候，朱雀敲了敲冰箱門。我打開冰箱門，她從裏面飛了出來，同時迅速變回原來的大小。

「感覺怎麼樣？」

「非常好。」朱雀深吸了一口氣，我發現她身後橙紅色的光暈消失了，「這下，我可以安心地再睡兩百年了。」

「其實你也可以保持清醒，就像故宮裏的其他怪獸們一樣。白天休息，夜晚甦醒。大家一起聚會，逛集市，吃東

西。」我勸她。

「哦，不！」朱雀尖聲回答道，「我不喜歡熱鬧。所以，在沒人需要我的時候，睡覺是我最喜歡的活動。」

「好吧。」我當然要尊重她自己的決定，「那接下來，你要去哪兒？」

「太和殿。我每次都是在那裏重新入睡。」

我陪着朱雀一起走到太和殿。當看到月光下閃耀的琉璃瓦屋頂時，朱雀變得有些激動。太和殿裏靜悄悄的，寫着「建極綏猷」四個大字的匾額高高掛在皇帝的寶座之上。它本來是乾隆皇帝親自撰寫的匾額，但真品在大約一百年前丟失了，現在掛着的只是複製品。

「這裏沒甚麼變化。」她感歎道，「只是宮殿裏的東西少了一些，但基本和兩百年前一樣。」

我點點頭，決定不告訴她這裏很多東西是複製品這回事。

「現在這座大殿還會有人來嗎？」朱雀問。

「當然，太和殿是故宮裏最受遊客歡迎的展廳。」我回答，「每天都有上千人來這裏參觀，人擠人。」

「聽起來真奇怪啊。」朱雀歎了口氣，「以前這裏舉行的都是最高貴的典禮。每次我甦醒後，皇家的薩滿巫師、

最有地位的道士，都會在太和殿前為我舉行隆重的送神儀式，讓我再次入睡。」

朱雀臥在太和殿前，閉上雙眼，小聲說：「如果我消失了，不要奇怪，那說明我已經重新進入夢鄉。如果我一直在，那才是怪事。」

我點點頭，安靜地蹲在一旁等着她消失。但是月亮都升到最高的樹梢了，朱雀還好好地待在我眼前。

「不行！我睡不着！」她猛地睜開了眼睛。

「需要我做甚麼嗎？」我問。

「你會唱送神歌嗎？」

「不會。」我搖搖頭。

「太糟糕了。」她煩躁地甩甩尾羽說，「每次，我都是聽着送神歌睡着的。對我來說，它就像催眠曲。」

「雖然我不會，但是我的朋友可能會唱。」我說，「他一直在努力成為一名薩滿巫師。我可以幫你去找他。」

朱雀的眼睛一亮，說：「你真是幫了我大忙。」

我很快就把楊永樂找來了。當我告訴他，我在冰窖餐廳裏碰到了朱雀時，他甚至有點兒嫉妒。

「我從沒想到能親眼看到您，南方之神朱雀，這實在太榮幸了。」楊永樂畢恭畢敬地說。

「聽小雨說，你是薩滿巫師？」朱雀輕聲問。

「不敢當，我還在學習中。」他回答，「不過送神歌，我唱得還不錯。」

「那就辛苦你了。」朱雀滿意地點點頭。

楊永樂整理了一下衣服，又朝東南西北四個方向都拜

院

了拜，才輕聲吟唱起來。

　　我從沒聽過送神歌，楊永樂唱的歌詞可能是滿語或者蒙古語，我一句也聽不懂。歌曲的調子很奇怪，忽高忽低，倒也不難聽。

　　楊永樂沒唱兩句，朱雀就皺起了眉頭。

　　「你走調了，送神歌的調子應該是這樣的。」說着，朱雀就唱了起來。她的音調很高，聲音很細，無論楊永樂怎麼扯着脖子喊，也唱不了那麼高的曲調。

　　「不行，不行，我嗓子都啞了。」楊永樂捂着脖子，筋疲力盡地坐到地上。

　　「這並不難啊。」

　　朱雀的歌聲越來越高。不知道是因為太久沒有唱歌了，還是別的原因，朱雀如同醉了一樣，越唱越帶勁，簡直停不下來。我們也都聽入迷了。

　　朱雀唱了有多久呢？等我突然清醒過來的時候，天空已經開始發白了，遠處天邊的地平線變成了玫瑰色。

　　朱雀的歌聲已經停了。她閉着眼睛，一動不動地蹲在白玉石台上，紅色的身體變成半透明的，漸漸被淹沒在朝陽的光芒之中，直至消失。

　　「看來她應該是唱歌唱累了，自己睡着了。」我還呆呆

地望着朱雀站過的地方。

楊永樂站起來，伸了個懶腰：「我們也回去睡覺吧，估計睡不了兩個小時，就要起牀上學了。」

我歎了口氣，說：「這麼一想，還真羨慕朱雀啊，可以一覺睡上兩百年，想怎麼睡就怎麼睡。」

「是啊。」

一個全新的早晨就這樣開始了。

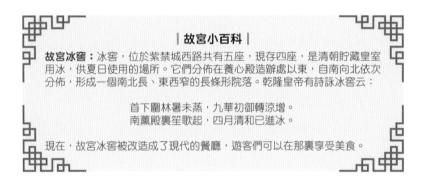

| 故宮小百科 |

故宮冰窖：冰窖，位於紫禁城西路共有五座，現存四座，是清朝貯藏皇室用冰，供夏日使用的場所。它們分佈在養心殿造辦處以東，自南向北依次分佈，形成一個南北長、東西窄的長條形院落。乾隆皇帝有詩詠冰窖云：

首下圍林暑未蒸，九華初御轉涼增。
南薰殿裏笙歌起，四月清和已進冰。

現在，故宮冰窖被改造成了現代的餐廳，遊客們可以在那裏享受美食。

7
捕蟲季節

　　到底是誰先提起「捉蛐蛐兒」這項古老的活動的？我記不清了。

　　只記得，我和楊永樂在東華門傳達室的王爺爺那裏，第一次見到了「蛐蛐兒葫蘆」。那是個扁扁的小葫蘆，上面雕刻着精細的花。拿在手裏稍微晃一晃，裏面就會傳出清脆的蛐蛐兒叫聲。

　　王爺爺說，在他小時候，一到秋天，胡同裏就會舉行「秋蟲大會」。整條胡同的孩子們都會拿出自己最寶貝的蛐蛐兒聚在一起「廝殺」，看誰捉的蛐蛐兒最厲害。

　　我們喜歡看着王爺爺伺候蛐蛐兒們。他會把一個個泥

做的蛐蛐兒罐擦乾淨，在裏面鋪上用熟石灰、紅土、沙子混合成的三合土。他會事先把三合土用江米熬成的米湯攪拌均勻，然後再用力砸瓷實。他說，這樣蛐蛐兒在罐子裏才能站得住、抓得牢。

王爺爺經常一個人坐在小桌子前，悉心照料他的蛐蛐兒們。有的時候，我們和他打招呼，他都聽不見。

我聽媽媽說，再過幾個月，王爺爺就要退休了。但是，他膚色紅潤，眼睛明亮，頭髮整潔，健康得令人羨慕。立秋以來，王爺爺把所有工作外的時間都用在了蛐蛐兒們身上，他給所有的蛐蛐兒都起了名字，經常招呼我們說：「你們過來看看，我的『霸王』多帥氣。」

王爺爺還保持着清醒的頭腦和清晰的判斷力，至少在捉蛐蛐兒這件事上是如此。

光聽蛐蛐兒的叫聲，他就能知道蛐蛐兒躲在哪塊石頭下面。他還能憑叫聲知道哪隻蛐蛐兒餓了，哪隻蛐蛐兒生病了。

我和楊永樂經常去看望王爺爺和他的蛐蛐兒們。有的時候，天黑以後，我們還會跟着王爺爺一起去捉蛐蛐兒。

捉蛐蛐兒可不是件容易的事情，我們會去故宮裏雜草最多的地方，要冒着被蚊子叮得滿腿大包的風險。蛐蛐兒們都是逃跑高手，跳得又高又遠，我和楊永樂經常捉半天

也捉不到一隻。王爺爺可就厲害多了，他會拿一種叫蛐蛐兒草的東西去逗蛐蛐兒，蛐蛐兒會追着蛐蛐兒草咬，一旦咬住，就會被王爺爺輕輕鬆鬆釣到蛐蛐兒葫蘆裏。

他會放掉那些瘦小的蛐蛐兒：「牠們還需要再長大些，我可不是甚麼蛐蛐兒都捉。」

如果哪天晚上捉到了強壯的蛐蛐兒，王爺爺就會給我們表演「鬥蛐蛐兒」。兩隻黑亮的大蛐蛐兒被放進一個蛐蛐兒罐子裏，張開牙齒咬在一起，先逃跑的那隻就算輸了。

王爺爺總是說：「捉蛐蛐兒比甚麼運動都好，它是一種生活方式。找個安靜的地方，聞着青草的香味，靜靜聽着蟲兒們鳴叫，只要有耐心，就肯定會有收獲。蛐蛐兒到處都是。」

但實際上，我們身邊除了他以外，根本沒有人還捉蛐蛐兒了。我的朋友們之間聊的不是電子遊戲就是最新的動畫片。很多人都討厭蟲子，當我和我的同學提起蛐蛐兒一生要蛻七次皮才能長為成蟲的時候，他們甚至露出了有點兒厭惡的表情。

我卻覺得王爺爺養的蛐蛐兒們都很漂亮。牠們的臉有點像京劇臉譜，背上的翅膀下面還藏着薄紗般的羽翼。

誰都不會想到，會有人去偷王爺爺的蛐蛐兒。除了他以外誰還會對那些成天叫個不停的大蟲子們感興趣呢？可

偏偏就發生了這樣奇怪的事情。

傍晚的時候，楊永樂比我先接到了王爺爺的電話——他的蛐蛐兒丟了，而且一下子丟了六隻。

「會不會是蛐蛐兒們集體越獄了？」楊永樂猜。

王爺爺神經質地搖着頭：「不可能，絕對不可能。我十幾分鐘前剛餵過牠們。我記得很清楚，我把蓋子蓋好才離開。就算有的蓋子沒蓋好，我也不可能同時六個蓋子都沒蓋好。我到處找，屋門是關着的，就算牠們跑出罐子也跑不出屋子。可是哪裏都沒有。」

「您是說，這段時間您都沒離開屋子？」我問。

「是的，我一直待在屋子裏。」

「所以，也不可能有人趁您離開時偷走蛐蛐兒。」我托着下巴，這可有點兒奇怪了。

「是啊。」王爺爺慢慢坐到牀上，滿臉難以置信的神情，「那些蛐蛐兒去哪兒了呢？」

當我們從傳達室走出來的時候，天已經黑了。

雖然覺得不可思議，但是我們也不知道該做些甚麼。總不能因為丟了幾隻蛐蛐兒就去報警吧？警察們那麼忙，應該沒時間幫忙找蛐蛐兒。

商量一陣後，我和楊永樂決定，明天晚上多捉幾隻蛐蛐兒給王爺爺送去。我們能做的只有這些了。

但蛐蛐兒失蹤事件並沒有就此結束。第二天黃昏的時候，又有五隻蛐蛐兒消失了。王爺爺辛辛苦苦捉來的蛐蛐兒，在兩天裏就丟了一半。

「我的『霸王』不見了！這簡直是⋯⋯綁架！」王爺爺已經氣得不知道該說些甚麼了。

「誰會綁架幾隻蛐蛐兒？」楊永樂搖搖頭說，「就算真的是綁架，也應該有人向您索要贖金吧？而且，失蹤的蛐蛐兒全都是一瞬間就不見的，一般人可做不到。」

「那麼，會不會是甚麼瘋子幹的？」我問。在我眼裏，綁架蛐蛐兒的人，一定是精神有問題。

「但他用甚麼辦法把這些蛐蛐兒弄走的呢？每次丟蛐蛐兒的時候，王爺爺都在旁邊。」

楊永樂說得沒錯，就算有人偷了這些蛐蛐兒，怎麼可能一點兒痕跡都不留呢？

這之後，王爺爺就變得神經兮兮的。只要他的那些寶貝蛐蛐兒罐子有一點點兒動靜，他就會立刻打開，查看一下蛐蛐兒還在不在裏面。

天黑後，我們去幫他捉蛐蛐兒，他則一步都不肯離開，只願意守在自己的蛐蛐兒旁邊，嘴裏還不停地嘟囔着：「要是讓我抓到那個賊⋯⋯要是讓我抓到那個賊⋯⋯」

那天晚上，我和楊永樂使出了全身的力氣也只捉到四

隻蛐蛐兒，其中還有一隻因為太瘦小被我們放掉了。我們帶着三隻蛐蛐兒，以及蚊子叮的七個大包、兩處樹枝的劃傷回到東華門傳達室，吃驚地發現，王爺爺正在掉眼淚。

「我的『大將軍』不見了。」他像個孩子似的抽着鼻子，「我竟連牠怎麼不見的都不知道。」

「您甚麼都沒看見嗎？」我在一旁幫他擦眼淚。

「甚麼都沒看見，連個人影都沒有。」他搖着頭說，「一定是鬧鬼了，我明天就把蛐蛐兒們全都帶走，藏到家裏。」

我們安慰了他很久，還把捉到的蛐蛐兒拿給他看。其中一隻蛐蛐兒又大又強壯，很像他丟的那隻叫「大將軍」的蛐蛐兒，這總算讓他心情好了一點兒。

離開傳達室後，我們已經筋疲力盡了。

「小雨，我有一些想法。」楊永樂說。

「甚麼想法？」我問。

「關於那些蛐蛐兒，應該根本就沒人偷。否則，就算是隱形人，也不可能一點兒聲音都不出地在王爺爺鼻子底下偷走那麼多蛐蛐兒。」

「的確是這樣。」我表示同意。

「所以，會不會是甚麼時空中的黑洞？」楊永樂慢條斯理地說，「那種位於四維空間裏的黑洞，正好移到了蛐蛐兒

罐裏，蛐蛐兒們一旦掉進去就消失了。」

「你一定是暑假的時候聽了太多元寶講的科幻故事。」我一點兒都不相信會發生這種事。

「不是的，你想想看，沒準兒真有這種可能。」

「那你怎麼解釋，只有蛐蛐兒掉了進去，蛐蛐兒罐卻好好地待在那兒呢？如果真是個黑洞，應該連罐子一起掉進去才對。」

「說實話，我對時空學也不是那麼在行。要是元寶在，他沒準兒能解釋。」

「我覺得他也解釋不了。」我搖搖頭。

第二天，我們一放學就先去看望王爺爺，不知道他一個人能不能把那麼多的瓶瓶罐罐搬回家裏。

一進傳達室，我們就看見王爺爺正站在一個蛐蛐兒罐的旁邊，眼睛睜得老大，臉色慘白。

「看……看……」

我們趕緊走到他身邊。蛐蛐兒罐裏，正在進行一場奇怪的「戰鬥」。一隻強壯的蛐蛐兒正在與空氣抗爭，牠的六條腿拚命抓地，翅膀豎起，儘管這樣，牠卻仍然在被甚麼看不見的神祕力量拉着走。很快，牠就被那個力量無情地拖上了半空，然後……就消失了！

我、楊永樂和王爺爺都被眼前的場景嚇壞了。

「真是……見鬼了！」楊永樂倒吸了一口冷氣。

旁邊的蛐蛐兒罐又有了動靜。我們打開罐子，果然，裏面的蛐蛐兒也在掙扎。

這次，王爺爺一把在半空中抓住了甚麼，並拚命把它往回拉。他渾身的肌肉緊繃着，而那個看不見的力量似乎也在掙扎，但是王爺爺一點兒都沒鬆勁。

緊接着，更令人吃驚的一幕發生了。我們親眼看到，一隻披着五彩羽毛的鳥被王爺爺從空氣中拉了出來。那隻鳥的嘴裏死死叼着蛐蛐兒，脖子卻被王爺爺緊緊攥在手裏。

他頭上頂着金黃色的羽冠，背後披着五彩的羽毛，肚皮是鮮紅色的，身後還拖着長長的尾羽。

「這是……野雞？」我吃驚地看着那隻鳥。

「應該是紅腹錦雞。」楊永樂說。

就在這時，那隻「錦雞」居然說話了：「這位老人家，您先放開我的脖子行嗎？我快喘不過來氣了。」

王爺爺鬆開手，「錦雞」「啪嗒」一下掉到了地上。

「你是誰？」我大聲問。一般的錦雞應該沒有隔空偷吃蛐蛐兒的本事。

果然，「錦雞」仰着脖子回答：「我是華蟲。」

「華蟲？可你明明是一隻雞啊！」楊永樂忍不住笑了。

「我不是雞，我是華蟲，是神獸，你懂嗎？」華蟲整理

着身上的羽毛，有點兒不高興地說，「連皇帝的龍袍上都繡有我的形象。我是象徵『文采昭著』的神獸，不是甚麼雞。」

「可是，你明明長得就像一隻錦雞。」楊永樂縮了下肩膀。

我和楊永樂你一言我一語地跟「錦雞」對話，王爺爺非常驚奇。楊永樂趕緊給他翻譯。

「『華蟲章煥袞衣新』，原來你就是帝王十二章紋之一的華蟲啊。」王爺爺則在一旁不停地點頭，他滿臉笑容，似乎已經把丟蛐蛐兒的事情都拋在腦後了，「果然和書裏寫的一樣，『身有五彩，象草華之色』。你可真是太漂亮了！」

「這位老人家果然比這兩個小孩更有學識啊。」華蟲有點兒得意地說。

「你既然是神獸，那更不應該偷吃別人的蛐蛐兒！」我不服氣地說。

「我不是偷吃啊，現在是秋天，是我捕蟲的季節。我只是在尋找最肥大的蟲子罷了。」華蟲理直氣壯地說。

「哼！你還真會找，找蟲子都找到別人家裏去了……」

我剛想和華蟲爭執幾句，卻被王爺爺一下子攔住了。

他笑呵呵地打斷我說：「沒關係，沒關係，那些蛐蛐兒吃了也就吃了。蟲子本來就是給鳥吃的啊，哈哈。」

「還是這位老人家善解人意。」華蟲說。

「不過……」王爺爺接着說，「那些蛐蛐兒雖然都是些蟲子，卻也是我悉心餵養的寵物。所以，你把我的寵物吃了，總要有所賠償吧？」

「賠償？」華蟲的冠子都豎了起來，「您想要甚麼賠償呢？我可沒錢。」

「不要錢，不要錢！」王爺爺連連擺手說，「你吃了我的寵物，只要你代替蛐蛐兒們當一陣子我的寵物就可以了。」

「當寵物？我可沒幹過這種事！」

「怎麼沒有？如果我沒記錯，宋朝就很流行把華蟲當寵物養，他們不但會養，還會互相贈送呢。」王爺爺說，「我也不是要你永遠當我的寵物。蛐蛐兒們的壽命最長不過一百天，你代替牠們陪我一百天就可以了。我會捉很多秋蟲給你吃，不會委屈你的。」

華蟲似乎動心了：「可是，我只有太陽落山後才能出現。」

「沒問題，那就每天太陽落山後來陪我吧。」王爺爺笑瞇瞇地說，「再過一百天，我就要退休，徹底離開故宮了。在這段日子裏，能有這麼漂亮的神獸陪着我，想想就覺得很幸運。」

「既然您這麼說，那我就答應了。誰讓我先吃了您的蛐蛐兒呢，吃別人的嘴短啊。」華蟲居然點頭答應了。

┃故宮小百科┃

皇宮裏的蛐蛐：玩蛐蛐，是老北京傳統的一項民俗娛樂活動。在明清宮廷內，皇親國戚也喜歡這種小小的草蟲。明宣宗愛鬥蛐蛐出了名，不但在宮裏捕捉，還下旨民間上貢蛐蛐，有俗話稱「促織瞿瞿叫，宣德皇帝要」，《聊齋志異》中《促織》的故事，也發生在那個時代。宣德年間為明宣宗製作的景德鎮官窯瓷蟋蟀罐，因為存世稀少，器物精緻，也變成了稀世珍寶。清吳振棫著《養吉齋叢錄》記載，早在康熙年間，每逢除夕正月，清朝宮廷就把花卉溫室裏養育的蛐蛐等秋蟲裝進籠子，放到宴席上助興。
《清宮詞鰲山蚤聲》詩云：

> 元夕乾清宴近臣，唐花列與幾筵平。
> 秋蟲忽向鰲山底，相和宮嬪笑語聲。

康熙皇帝很喜歡這種鮮花惹眼，草蟲齊鳴的景象，他曾經寫詩說：「秋深厭聒耳，今得錦囊盛。經臘鳴香閣，逢春接玉笙。」

8
神仙院

故宮裏的怪獸和動物們，都叫它「神仙院」。

其實它的真名叫作「大高玄殿」。它不在故宮裏，但離故宮很近。站在西北角樓朝筒子河對岸望去，就可以看見它高大的宮殿。

聽說，大高玄殿曾是明朝和清朝最豪華的皇家道觀。從筒子河北沿兒到那裏，要經過兩塊漢白玉的下馬碑、三座高大的楠木牌坊、兩座九樑十八柱音樂亭、二重琉璃大門和一道穿堂大門。故宮裏的人都知道，陪襯的大門和建築越多，意味着這座宮殿越神聖。所以，曾經住在大高玄殿的都是道教裏最厲害的神仙。儘管今天那裏已經空了，

所有的神像都不知去向，故宮裏的怪獸和動物們仍然習慣叫那裏「神仙院」，因為這個名字已經流傳幾百年了。

神仙院晚上鬧鬼的消息，是最近一年才流傳起來的。

最先在那裏看見「鬼」的是故宮裏的一幫麻雀們。他們傍晚時分路過神仙院，想在窗邊的電線上歇歇腳，結果兩扇原本敞開的窗戶毫無預兆地突然關上，把所有的麻雀都嚇了個半死。他們保證，那時候天空中連一絲風都沒有。

後來，好奇心極重的野貓梨花在故宮裏最受歡迎的報紙——《故宮怪獸談》上證實了這件事。她在報道裏說，只要有一點兒動靜，那座宏偉的宮殿都會顫抖。梨花在一個夏天的夜晚去神仙院探險，走到九天應元雷壇殿門口時，居然聽到有聲音問她是誰。在她還沒來得及回答時，宮殿已經自動關閉了所有的門窗。

所以，當楊永樂提出去神仙院裏看看時，我想都沒想就拒絕了。誰會主動跑到一個鬧鬼的宮殿裏去？何況它還不在故宮裏，那就意味着，如果我們倆在那裏出了甚麼事，連個能救我們的怪獸都沒有。

「我保證那裏沒有鬼！」楊永樂拍着胸脯說。

「你憑甚麼保證？」我懷疑地看着他。

「神仙院是神殿！就算現在已經沒神仙住在那裏了，也不可能有鬼怪能接近。」他說。

「有點兒道理。」我點點頭,「那發生在麻雀們和梨花身上的事情又怎麼解釋呢?」

「這正是我好奇的地方。」他問,「你難道不好奇嗎?」

怎麼可能不好奇?神仙院可是唯一在故宮旁邊而我還從沒去過的宮殿。何況,自從一百多年前,清朝皇室最後一次修復神仙院後,這座宮殿就再也沒被修復過。直至最近,人們才又着手修復它,目前它仍然較完整地保留着古時的樣子。

我們計劃好天一黑就出發。楊永樂還答應我帶些薩滿教的法器,以防真的有鬼怪出現。

這是個颳着涼風的秋天的夜晚。天空中沒有甚麼雲彩,月亮明晃晃地掛在半空中。我們穿過空曠的神武門廣場,路過飄着飯菜香味的大三元酒家,轉身從三座華美的大牌坊下穿過。

音樂亭已經被拆除不見,只有鋪着金黃色琉璃瓦的大高玄門還沐浴在月光之下。大高玄門裏面空蕩蕩的,門口堆滿了建築材料。

「這裏以前曾經住着青龍和白虎兩位神君,他們是仙界最稱職的門衞。」楊永樂輕聲說,看來他做了不少準備。

「他們現在在哪兒?」我問。

「神像都在戰爭中被毀掉了。」他慢慢往前走。

就在這時，一陣微風迎面吹來，彷彿接到某種神祕信號一樣，我們眼前的路燈忽然「啪、啪」地閃爍了幾下後，就亮了起來。

「真奇怪，我明明聽說神仙院裏晚上是要斷電的。」楊永樂的眉頭皺了起來。

我也聽說了。最近這座宮殿一直在維修復原，有大量的容易燃燒的建築材料被堆放在這裏，為了防止漏電引起火災，晚上五點工人們離開時，就會把電閘全部關閉。

我們小心翼翼地往前走着，無論是路過哪盞路燈，它都會亮了滅，滅了亮，最後亮着不變。彷彿，它們都是專門為我們打開的。

我有些害怕了，猶豫着是不是該退回去，手卻被楊永樂一把抓住了。

「既然來了，總要弄清楚是怎麼回事再回去啊。」他說。

路燈照亮了路兩側的鐘樓和鼓樓，它們歪歪斜斜地立在那裏，磚縫裏長滿了雜草。道路盡頭是一座高大、威嚴的宮殿。宮殿裏黑洞洞的，偶爾有一點奇怪的聲音傳出來。宮殿上的彩漆已經脫落得不成樣子，宮殿前的月台上的漢白玉圍欄只剩下了一半，白色的碎石到處都是。

「真像個鬼屋啊！」我心裏想着，冷汗都冒出來了。

走到月台前時，更不可思議的事情發生了。

大高玄殿前的丹陛石漸漸亮了起來，微微的白光中出現了神獸的輪廓：龍、鳳凰、鸞鳥、仙鶴等像是投影機裏放映的電影一樣，從白光中飛翔而起，在我們身邊圍繞。和故宮裏色彩絢麗的神獸不同，他們全部是單一的白色。鳳凰和鸞鳥嘴裏時不時會發出動聽的鳴叫聲，但我和楊永樂都沒聽懂他們在說些甚麼。繞了幾圈之後，神獸們離開我們，飛回到佈滿灰塵的丹陛石中，白光也隨之消失了。

「這不像是在鬧鬼。」我說。

楊永樂點點頭。我們都清楚，鬼怪們才沒心思弄出這麼浪漫的東西出來，他們最喜歡的是嚇唬人的惡作劇。

「我們進去看看吧。」楊永樂邁上了大高玄殿的台階。我輕手輕腳地跟在他身後。

和野貓梨花說的不同，走到門口時我們並沒聽到甚麼警告聲。反而，那座宮殿彷彿認識我們似的，自動為我們敞開了大門。

大殿裏空蕩蕩的，除了紫紅色的柱子和屋頂上精美的盤龍藻井外甚麼都沒有。牆壁上有彩畫的痕跡，但已經被毀了，看不出是甚麼圖案。只能看出有三個巨大的圓形輪廓，那應該是三尊神像被搬走後留下的痕跡。

「這座大殿裏曾經住過哪些神仙？」我問楊永樂。

「元始天尊、靈寶天尊和道德天尊，都是道教裏最尊貴的神仙。」楊永樂回答，「其中道德天尊就是寫下《道德經》的老子。」

「他們都走了？」

「是的，那場戰爭中，神仙院曾經被當作軍營。士兵們毀掉了神仙院裏大多數神像，神仙們也就隨之離開了。」他摸着斑駁的牆面說，「只剩下這些痕跡，還能證明他們曾經在這裏居住。」

「也許神仙們留下的不只是這些痕跡。」我的腦袋裏有個念頭閃了一下。

「你指的是……」

還沒等楊永樂說完，一股白色的煙霧開始在大殿裏瀰漫。煙霧一開始只是貼着地面飄散，漸漸越飄越高，充滿了殿堂。

「糟糕！不會是着火了吧？」我緊張地到處尋找煙霧的來源。

「那要趕緊報警才行！」楊永樂也嚇得團團轉，「你帶手機了嗎？」

「沒有！你呢？」

「我也沒帶！」

「趕快出去找人報警吧！」我轉身朝着大門跑去。

跑到一半的時候，我突然被楊永樂叫住了。

「等等！你聞聞這煙霧的味道，好像不是着火的味兒，倒像是檀香。」

我使勁吸了吸鼻子。楊永樂說得沒錯，白色的煙霧並不是着火時候的焦糊味，而是帶着甜香的檀香味。

「仙樂縹緲，香煙繚繞，都是神仙們喜歡的場景啊。」楊永樂說。

「所以，神仙院不是鬧鬼，而是被神仙們施了法術。」我接過話說。

「哪位神仙這麼無聊？他為甚麼要這麼做呢？」楊永樂嘴裏嘀咕着。

「我們去其他神殿看看吧。」我建議。

緊挨着大高玄殿的是雷壇殿。它比大高玄殿還要破舊，紅色的牆壁大塊、大塊地脫落，看起來就像是一座會隨時倒塌的危房。

「真難想像，這裏居然曾經是九天應元雷聲普化天尊的神殿。」楊永樂感歎道。

「那個甚麼天尊很厲害嗎？」我問，真不知道為甚麼神仙的名字都那麼長。

「他掌管着天界雷部，手下有三十六員雷將。很多道教法師相信，通過行持神霄雷法，能讓自己與宇宙相通。」

他說，「不過這裏最靈的據說還是求雨。明朝和清朝的時候，一旦遇上大旱災，皇帝就會來這裏祈雨。聽說一百多年前，六歲的光緒皇帝四個月裏就來這裏祈雨了十多次，但都沒能求來雨水。從此，神仙院就不再受到皇家重視，漸漸被廢棄了。」

雷壇殿的大門被拆掉拿去維修了，整座宮殿都處於毫無防備的狀態。和大高玄殿一樣，這裏的神像已經全被搬走了，剩下的只有牆面上留下的輪廓。

大殿裏安靜極了，除了我們踩在木地板上發出的「吱呀」聲，甚麼聲音都沒有。忽然，有幾滴冰涼的水滴落在了我的鼻子和臉頰上。

哪兒漏水了嗎？我抬起頭來朝屋頂看去。高高的屋頂上，只有斑駁的彩繪圖案。

「怎麼回事？」我伸出手來，立刻有水滴掉進了我的手心。

楊永樂湊了過來，看着我手心上面的水滴：「真奇怪！這屋頂上應該沒有自來水管道啊。」

「轟隆隆……」一陣爆炸般的雷聲在我們頭頂上響起。

「啊，原來是外面下雨了，這屋頂漏雨了。」楊永樂鬆了口氣。

「下雨？」

我看看門外，仍能看到半空中的月亮。不對勁啊！我走出雷壇殿的大門，晴朗的夜空中連片烏雲的影子都沒有，更別提下雨了。

而當我走回雷壇殿時，宮殿裏面的雨已經下大了。細細的雨絲落在我身上，發出「沙沙」的響聲，屋子裏瀰漫着潮濕的氣息。

「喀嚓！」一道明亮的閃電照亮了整座雷壇殿。

我清清楚楚地看到，那道閃電是怎樣在大殿的屋頂上如焰火般劈開的。

「只有這裏在下雨，就在雷壇殿裏。」我告訴楊永樂。

他滿臉困惑：「沒見過比這更奇怪的事了。」

為了防止衣服濕透，我們躲到一個角落裏避雨。雨水落到宮殿裏的木地板上，騰起了白色的水汽。

又一道閃電劈過，緊接着，一個低沉的聲音從牆裏面穿了出來。那是哼唱般的歌聲，曲調古老而莊重。

「這是道士們做法事時哼唱的歌曲。」楊永樂輕聲說，「他們在向雷聲普化天尊祈求下雨。」

「難道這就是一百多年前，光緒皇帝祈雨時的聲音？」我的眼睛瞪得老大。

楊永樂歎了口氣說：「一百多年前求的雨，卻在一百多年後下了起來，神仙們的想法還真神奇啊！」

等我們走出雷壇殿的時候，雨已經停了。只有道士們哼唱的聲音還在一遍又一遍地響起，直到我們離開大高玄殿的院子，也沒有停止。那低沉的歌聲，如同魔咒般，讓整座神仙院都顯得神聖無比。有那麼一瞬間我們彷彿看到了，幾百年前那個神仙聚集、輝煌無比的神殿。

故宮小百科

大高玄殿：又稱大高元殿，簡稱高玄殿、大高殿，是一座明清兩代皇家御用道觀，主祀三清、玉帝，位於北京市西城區景山前街北側。因大高玄殿臨街的頭道山門是並排的三座門，故此地名又俗稱「三座門」。清兵入關後，清朝皇帝每逢初一日、十五日照例要到大高玄殿拈香行禮。特別是逢大旱或大澇，皇帝均要在此進行祭天祈雨等活動。

清朝康熙年間，大高玄殿因避康熙帝玄燁的名諱，而改稱「大高元殿」，後又更名為「大高殿」，專門舉辦各種道教的道場。

光緒二十六年（1900年），八國聯軍佔領北京，燒殺搶掠。清宮檔案記載，法軍佔領大高玄殿十個多月，大高玄殿的建築和陳設文物遭嚴重破壞及掠奪，大批雕像、法器、經卷被法軍搶走。1924年，清朝遜帝溥儀被馮玉祥的國民軍逐出紫禁城，大高玄殿和太廟、景山均被移交給清室善後委員會接管。1937年盧溝橋事變後，大高玄殿被日軍佔用。抗日戰爭勝利後，大高玄殿被南京國民政府軍隊接管。2011年6月11日，大高玄殿乾元閣修繕工程開工，2015年向社會免費開放。

9
魚王與傻鳥

「聽說了嗎？」楊永樂問。

此刻，我們兩個正坐在故宮高高的城牆上。城牆下面的金水河閃着亮光，遠處是白色、紅色、橙色的城市燈光。從高高的城牆上看北京城，天地是如此遼闊。

「聽說甚麼？」我迷惑地看着他。

「那個關於金水河的傳說。」他說。

我笑了：「你指哪個傳說？故宮裏關於金水河的傳說至少有幾十個。」

「這麼一想，故宮裏的祕密還真多啊。」他也笑了，

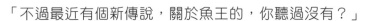

「不過最近有個新傳說，關於魚王的，你聽過沒有？」

　　「魚王？還真沒聽說，你從哪兒聽來的？」我的耳朵豎了起來。

　　「內金水河裏的鴛鴦說，自從進入秋天，晚上的時候，如果有鳥類貼着金水河的水面鳴叫，就會招來一位客人──不速之客。」他神神祕祕地說。

　　「甚麼不速之客？肯定是故宮裏的哪個怪獸。」我撇了撇嘴說，「估計是吻獸，他就喜歡在晚上偷偷跑出來游泳。」

　　「我開始也是這麼想的。」楊永樂說，「但當他說那個水怪長着大象一樣的長鼻子時，我就覺得不對勁了。鴛鴦說那是魚王，因為金水河裏所有的魚都像看見天神一樣地看着他，會自動為他讓路。」

　　我驚呆了：「長鼻子的水怪……難道……不會是……摩羯魚吧？」

　　「我也是這麼想的。」楊永樂點着頭說，「我還一直奇怪，故宮裏有那麼多摩羯魚的雕像，怎麼從來沒見過這個怪獸？沒想到，他忽然就出現了。」

　　「聽說摩羯魚是非常古老的怪獸，他從印度來，世界各地都曾經出現過他的蹤跡。就連西方占星學裏十二星座的

摩羯座，都是因他的形象而命名的。」

「我就是摩羯座。」楊永樂擠了下眼睛說，「所以，我還真很期待看到這個怪獸呢。」

「怪不得你疑心病那麼重，摩羯男⋯⋯」

我剛想好好損他幾句，卻被他阻止了。「噓！」他指着金水河說，「看那兒！」

我順着他指的方向看過去。金水河的水面上不知道甚麼時候飛來一隻夜鷺，他貼着水面飛翔，嘴裏發出並不動聽的「呃⋯⋯呃⋯⋯」的叫聲。

夜鷺在北京並不常見，但是這隻夜鷺似乎每年秋天都會出現在故宮裏。如果我沒記錯，梨花和他的關係相當不錯。

我的目光朝河岸邊移動，沒怎麼費力，就在河沿兒上看見一團影子。

「你早知道梨花今天要引摩羯魚出來？」我問楊永樂。怪不得他今天非要和我約在城牆上見面。

楊永樂根本顧不上回答我的問題，他的眼睛只緊緊盯住水面。

夜鷺經過的水面發生了變化。原本平靜的水面上忽然泛起了水花，接着是一個大一點兒的波浪，我能感覺到水

下有一個巨大的影子正慢慢接近水面。瞬間，一隻長鼻子伸出了水面，但緊接着，又沉了下去。又過了幾秒鐘，一個灰色的大腦袋從水裏露了出來，那樣子很像龍——如果忽略掉前面那條肉乎乎的長鼻子的話。

「該下去了！」楊永樂說。

我們飛快地跑下城牆長長的石階，一路跑到梨花身邊。這隻野貓被我們的突然出現嚇了一跳：「喵——你們……」

楊永樂打斷她的話，輕聲說：「噓！快看，摩羯魚出來了！」

大家都不再說話，六隻眼睛全部看向水面。

楊永樂說得沒錯，摩羯魚已經浮上了水面！他擁有龍頭、魚身和象鼻，身體巨大得如一座小島，前邊的魚鰭如翅膀般寬大，不停地拍打着河水。

「真難以想像！他居然這麼大。」我緊緊地抓住金水河邊的圍欄，弓着身子朝遠處望去。

「看那些魚！」楊永樂的聲音都有點走調兒了。

即便只能看到路燈下有限的水面，我仍然發現，金水河裏的魚羣正頭朝一個方向，整齊地擺着魚尾，似乎在舉行甚麼神聖的儀式。

「不愧為魚王啊！喵──」梨花感歎着。

夜鷺已經飛走了，但是摩羯魚似乎還在夜空中尋找着牠的影子。

「為甚麼他聽到鳥叫聲就會出現呢？」我問。

「我來這裏就是想問清楚這件事。喵──」梨花說，「下面，該我們出場了！楊永樂，你嗓門最大，看能不能把摩羯魚叫過來？」

「我？」楊永樂看起來有點兒不樂意。

「喵──別猶豫了，再磨蹭的話，他又要回水裏去了！」梨花催促着。

於是，楊永樂把手圍成喇叭狀：「喂！摩羯魚！」

怪獸似乎沒聽見，他仍然眼巴巴地望着天空，尋找着飛鳥的痕跡。

「喂！喂！喂！魚王！」楊永樂鉚足力氣大喊。

摩羯魚終於聽到了，他低下頭，朝我們游了過來。

「你們看沒看到一隻鳥？」他的嗓音很低沉。

「那隻夜鷺嗎？喵──牠飛走了！」梨花說。

「飛走了？」金水河岸邊的燈光照在怪獸的眼睛上，裏面裝滿了失望，「怎麼會飛走呢？」

「牠……可能有急事吧……」梨花心虛地回答，如果摩

羯魚知道夜鷺是她請來幫忙的，不知道會不會氣得一口吞掉她。

「那隻鳥是白色的嗎？」摩羯魚不甘心地問。

「肚皮是白色的，但後背是黑色的羽毛。」我問，「你在尋找一隻全身白色羽毛的鳥嗎？」

「是啊，你見過她嗎？」怪獸兩隻細細的眼睛，目不轉睛地盯着我。

「白色的鳥太多了，白鴿、白鷺、天鵝……我怎麼能知道你想找的是哪隻呢？」我說，「你不如給我們講講那隻鳥的故事，然後我們再看看能不能幫到你。」

摩羯魚看着我，然後靜靜地說：「我只知道她是一隻白色的水鳥。」

說完，他深深地歎了口氣，如同風吹過森林。然後，摩羯魚就講起了那隻水鳥的故事。

那也是一個清爽的秋天，落葉被秋風吹到河水裏，會隨着河流漂得很遠。這樣一個本該豐收的季節，幸頭大河河邊的村民卻遭遇了第十二年的災荒。至於災荒的原因，誰也說不清。他們把糧食種到土地裏，無論多麼辛勤地耕種、灌溉，到了秋天卻怎麼也結不出果實。

是遭到了河神的詛咒嗎？村民們紛紛把最後的糧食扔

進了幸頭大河裏，以期求得河神垂憐。

那時候，摩羯魚就是幸頭大河的河神。只有他心裏清楚，災荒並不是因為他的詛咒，但他也找不到災荒的原因。為了不讓河邊的村民們被餓死，摩羯魚將自己身上的肉割下來，化成無數條魚送給村民們以度過饑荒。但是，這樣的日子持續了十一年，到了第十二年，他的身體終於撐不住了。

沒辦法，摩羯魚只能變成一條鯉魚，游到了山間的湖水裏慢慢養傷。

然而運氣不好，那麼多藏在隱秘山間的湖水他沒去，卻偏偏游到了一片水鳥們遷徙時必經的濕地裏。

剛游到那裏的第一天，摩羯魚變成的鯉魚就被一隻白色的水鳥盯上了。眼看着那隻水鳥尖尖的小嘴衝着自己戳下來，摩羯魚心裏悲傷得要命。「魚算不如天算」，沒想到一代魚王居然會死在一隻小水鳥的嘴裏！他閉上眼睛，準備接受命運的安排。結果等了半天，卻甚麼事情都沒發生。

他睜開眼睛，發現小水鳥還張着嘴巴呆立在水面上，原來她並不是要來吃他，而是「劈劈啪啪」地擋住了其他水鳥的嘴，防止他被吃掉。

「喂！你神經病啊？」旁邊的水鳥大聲衝着小水鳥嚷

嚷，「有魚不吃，還護着不讓我們吃！為甚麼啊？」

「因為他好看！」小水鳥一點兒不示弱地頂回去，「他是我的，你們誰都不許吃！否則別怪我不客氣！」

哇！好一隻厲害的小水鳥！摩羯魚這才抬起眼睛上上下下地好好打量了她一番。小水鳥白色的羽毛在陽光下像是仙女的羽衣。

「傻鳥！」從那時起，其他水鳥就開始這麼叫小水鳥。

傻鳥一點兒都不在乎別的鳥怎麼叫她。她開始和摩羯魚形影不離，摩羯魚游到哪兒，她就飛到哪兒，就怕一個不注意，摩羯魚被別的水鳥吃掉。

終於有一天，摩羯魚忍不住說話了：「我說，傻鳥，你這樣跟着我，你自己怎麼覓食呢？」

「沒事，沒事，我吃點兒你旁邊的小魚、小蝦就成了。」傻鳥笑嘻嘻地說。

「你還真是傻啊，哪有水鳥天天保護一條魚的？其他的水鳥都在笑話你呢。」摩羯魚說話一點兒都不客氣。

「因為你好看啊！」傻鳥的眼睛亮晶晶的，「我從來沒見過比你還好看的魚呢！」

這樣的日子倒也不錯，至少摩羯魚不用擔心自己在養傷的時候被鳥當成一般的鯉魚吃了。他和傻鳥一起在秋天

的水面上遨遊。魚在水裏遊，鳥則貼着水面飛翔。他們一起看白雲在水中的倒影，一起玩水裏漂浮的紅葉，日子平靜而美好。

直到有一天，危險來了。

天氣越來越冷，水鳥們要繼續向溫暖的南方遷徙。那是非常遙遠的路程，為了不在路上掉隊，每隻水鳥在出發前都要填飽肚子，積攢足夠的體力。於是，水面上時不時會爆發水鳥們搶奪食物的爭鬥。

傻鳥盯得更緊了。每天她都要打好多次架，只為了摩羯魚不被吃掉。

摩羯魚越來越擔心她了。他擔心傻鳥天天打架會受傷；擔心她現在吃不好，將來難以應付那麼遠的遷徙路程；擔心她腦袋那麼笨，萬一迷路了怎麼辦……

結果，在遷徙的前一天，傻鳥真的受傷了，一隻水鳥啄傷了她的腿。也就是這一天，那片濕地發生了一件驚人的事情，一條鯉魚忽然搖身變成了可怕的水怪，濕地裏所有的鳥都被嚇跑了。

傻鳥也被嚇跑了，她拖着傷腿，歪歪斜斜地飛上了天空。她真的很傻，根本沒看清那個水怪就是她一直看護的鯉魚變的。摩羯魚因為看見她受傷氣得變回了原形，甚麼

養傷不養傷的，也顧不上了。

那之後，摩羯魚游遍了大海、河流和湖泊，卻都沒能找到傻鳥。他聽到很多傳言，有北方的鳥說傻鳥因為受傷掉隊，死在了遷徙的路上；也有南方的鳥說，傻鳥沒掉隊，她的傷並沒有多重，只是留在南方生活了……

沒能找到傻鳥的摩羯魚，最後回到了幸頭大河。他發現有一位頭頂白色光環的菩薩正在河岸邊等他。

菩薩告訴摩羯魚自己是阿摩提觀音菩薩，是來帶他走的，並告訴他，他已修行圓滿，那隻小水鳥，只不過是他最後的情劫。

飛鳥翱翔天際，魚王深潛海底，世界上最遠的距離不過如此，他們本來就不可能在一起。

「但你卻一直在找傻鳥？」我擦了擦臉上不知甚麼時候流下的眼淚。

「這是多久以前的事情呢？」楊永樂問。

「估計有兩千年了……」

「沒有鳥能活兩千年。」

「也沒有魚能活兩千年。」摩羯魚說，「但我已經活了不止兩千年。」

「沒錯，在這個世界上沒有甚麼不可能的事。喵──」

梨花說，她的眼睛骨碌碌地轉，不知道在打甚麼主意，「你有沒有問過觀音菩薩那隻傻鳥的結局？她應該是無事不知的啊。」

「問過。」摩羯魚深深歎了口氣說，「菩薩說，眾生各有天命，傻鳥也不例外，我應該學會在心中放下她。」

「真是個讓人悲傷的故事啊！」我抽了抽鼻子。

告別摩羯魚的時候，夜已經深了，金水河面上吹起了西北風。梨花連聲「再見」都沒說，就匆匆忙忙地朝着慈寧宮的方向跑去。

「梨花搬家到慈寧宮了嗎？」楊永樂奇怪地問。

「不可能，她和慈寧宮的大黃一見面就跟仇人似的，搬到哪裏也不會搬到慈寧宮去。」我說，「估計是那邊有甚麼新聞正等着她呢。」

「還真是隻勤奮的八卦貓啊。」楊永樂感歎地說。

第二天黃昏，我去珍寶館餵野貓，發現梨花一副沒睡醒的樣子。

「你昨天晚上跑到慈寧宮幹嗎去了？」

梨花打了個哈欠：「喵——去見阿摩提觀音菩薩了。」

「阿摩提觀音菩薩？」我吃了一驚，「你見到了嗎？」

「見到了。喵——」

「你都問了些甚麼？」

梨花壓低聲音說：「我問她，她右手上的吉祥白鳥是不是就是原來的傻鳥，喵——」

啊呀，我怎麼忘了呢？阿摩提觀音菩薩一手握着摩羯魚，還有一隻手確實握着一隻白色的吉祥鳥。

我的眼睛瞪得老大：「她是怎麼回答的呢？」

梨花前爪合十說：「菩薩只說，以愛念縛住眾生。喵——」

「甚麼意思？」

「喵——我也沒聽懂。所以又問了一下觀音的坐騎白獅。白獅說，兩千多年前，菩薩的確救了受傷的傻鳥，並因為她護衛受傷的摩羯魚有功而將她度化，成為今天的吉祥白鳥。」

「摩羯魚居然不知道這件事？」我激動地抓住了梨花的爪子。

「是啊。喵——真是條傻魚啊！」

「你打算甚麼時候告訴摩羯魚這件事？」

「這個故事可是《故宮怪獸談》明天的頭條新聞。不光是摩羯魚，全故宮都會知道這件事的。喵——」

真是一隻狡猾的野貓！

那天晚上，我翻看媽媽放在桌上的詩集，看到一段話：

世界上最遙遠的距離，

不是生與死的距離，

而是我就站在你面前，

你卻不知道我愛你。

| 故宮小百科 |

金水河：俗稱筒子河或護城河，分為內金水河和外金水河。流經故宮內太和門前的是內金水河，流經天安門前的金水為外金水河。因為這條河的源頭在北京西郊宛平的玉泉山，在五行方位中西方屬金，因此得名金水河。在明清時代，金水河起到了給皇宮防火提供水源，以及護城河的作用。現在金水河只有在天安門前一段有露天河道，其他河段已經改為暗河，河道底部鋪設方磚，河岸上裝上了漢白玉的欄杆，方便河道保護與公眾遊覽。

10
好心的文冠樹精

第一眼看到那輛平衡車時我就愛上它了!

它太漂亮了!純白色的車身,下面裝着兩個軲轆和寬寬的踏板,操作起來既輕便又簡單。只要掌握好身體的平衡,就可以隨意指揮它前進、停止、奔跑、轉彎或者後退,我沒費甚麼力氣就學會騎了。

當然,它不屬於我。我媽媽是不會給我買這麼貴的東西的,何況她一直覺得平衡車挺危險,只要稍微不注意,就會摔傷。這輛平衡車是展覽資料組的小張叔叔的,他看到我這麼喜歡,答應借我玩一晚上。我很慶幸楊永樂今天晚上和他舅舅一起回家住了,否則,他一定會和我搶着騎

平衡車。

我騎着平衡車在故宮裏穿梭。為了不讓媽媽碰到，我儘量選擇一些偏僻、人少的道路。紅色的宮牆飛快地向我身後移去，往常要走很久的路，現在「嗖」的一下就過去了。

太——厲害了！再快點，再快點！

我漸漸加快了速度，一座又一座高大的宮殿與我擦身而過，實在太痛快了！我不知道自己駕駛平衡車跑了多久，只覺得眼前的路越來越狹窄，地面越來越顛簸。忽然，我發現平衡車的紅色指示燈開始閃爍，難道要沒電了嗎？就在我分神的一剎那，平衡車飛快地撞到一塊大石頭上，慣性作用下，我騰空而起，朝前摔了過去，狠狠地跌落在長滿雜草的石磚地上，頓時暈了過去。

也許是幾分鐘後，也許是十幾分鐘後，我睜開了眼睛。醒來後，我發現自己躺在一座荒涼的宮殿前，前後都是窄小的夾道。我的胳膊火辣辣地疼，上面都是血。更糟糕的是，當我試圖抬起右腿時，一陣鑽心的疼痛差點讓我又暈過去。

平衡車就在離我幾米遠的地方，我不知道它有沒有被摔壞。天黑了，這座偏僻的宮殿前連路燈都沒有。我知道自己肯定走不了路，只能等路過這裏的人來救我。但

是，這裏看起來既不是開放區，也不是辦公區，會有人路過嗎？沒人知道我在這兒，連我媽媽都不知道。過一會兒她可能會找我吃晚飯，如果找不到我，她肯定會到處找找看。但很難說，她會找到這兒來。

我又試着把頭抬高一點兒，想看清楚自己在哪座宮殿前，但很快我就放棄了。這座宮殿大門緊閉，匾額上大字裏的金色都脫落了，這麼昏暗的光線下，很難看清上面的字。

這下，連我都不知道自己在哪兒了，又能指望誰知道呢？也許我媽媽會在睡覺前感到不對勁，去警衛室借條警犬來找我。但是我一路上都騎着平衡車，警犬能不能聞到我的味道呢？他們可不知道我是偷偷騎平衡車跑出來的，肯定不會去尋找平衡車的味道。

情況真夠糟糕的！

故宮被籠罩在夜晚的寂靜中，偶爾有隻鳥掠過，快得我都來不及叫住牠。微風吹動院裏的樹葉，發出「唰唰」的聲音，接着又是一片沉寂。

我感到陣陣乾渴，喉嚨裏面好像被砂紙打磨過似的疼痛。我開始祈禱能有一隻野貓路過這裏，畢竟他們在故宮裏無處不在，哪裏都有可能出現。

我暗暗發誓，如果哪隻野貓發現並救了我，我願意給

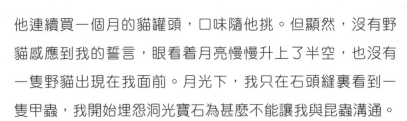

他連續買一個月的貓罐頭，口味隨他挑。但顯然，沒有野貓感應到我的誓言，眼看着月亮慢慢升上了半空，也沒有一隻野貓出現在我面前。月光下，我只在石頭縫裏看到一隻甲蟲，我開始埋怨洞光寶石為甚麼不能讓我與昆蟲溝通。

也不知道過了多久，我聽到遠處傳來一陣腳步聲。有人來了！沒準兒就是我媽媽，她來找我了。我做好了挨罵的準備，但估計她看見我傷成這個樣子，也就捨不得罵我了。

腳步聲越來越響。不對，不是媽媽。一個穿着長袍的身影朝着我走過來，一般人不可能穿成這個樣子。他頭上帶着深色的官帽，身上的袍子卻在不停變換着顏色：先是白色，過一會兒慢慢變成嫩綠色，緊接着變成深紅色，接下來又變成紫色，周而復始。我看了一會兒，眼睛都看花了。

「你是誰？」我的聲音微弱，「是人還是鬼？」

「都不是。」他蹲下來，打量着我身上的傷。這時我才看清他的臉，他是個瘦弱的年輕人。「我是樹精，文冠樹的樹精。你是誰呢？」他說。

「我是李小雨。非常高興能見到你，文冠樹精，我出了些事故。」我說，雖然我完全不記得故宮裏有甚麼文冠樹，甚至我連文冠樹是甚麼樹都不知道。

「甚麼叫事故?」文冠樹精奇怪地看着我。

「就是……災難。你看,我從平衡車上摔了下來,摔斷了腿。」我輕輕拍了拍自己的傷腿。

他微微一笑說:「沒關係的,李小雨,我的樹枝也經常會被風折斷,你待在這裏別動,只要有雨水和太陽,過一年就可以長出新樹枝來。」

「我們人類和樹不大一樣,光靠雨水和太陽可沒用。」我向他解釋,「我需要急救,需要醫生的治療,你懂嗎?」

「醫生?我好像聽說過……好吧,我衷心希望醫生早點兒來。」文冠樹精說,「那麼再見了,李小雨!」

他站起來,用手把袍子上的褶皺撫平,準備離開。

「等一下!」我着急地問,「你要去哪兒?」

他指了指我們面前的宮殿說:「我要去延慶殿,那院子裏有片土地很肥沃。我今年結了一枚文冠果實,所以想把種子種在那裏,試試看明年春天能不能長出小文冠樹苗來。」

「在去種樹前,你能不能幫我個忙呢?」我問,「找到我媽媽,告訴她我在這裏出了意外。」

「你媽媽是誰?人類、神仙還是鬼呢?」

「當然是人類。」我回答。

「恐怕我不會這樣做,我是樹精,是不能主動出現在人

類面前的。」

「凡事總有例外，偶爾出現一下應該沒關係吧？」我不願意放棄。

「對不起，我必須遵守故宮裏的神怪法則。」他說，「和你聊天很愉快，李小雨，但是我現在要……」

「等一等！」當文冠樹精開始後退時，我大聲嚷道，「如果你不幫助我，我會死的！」

聽到這句話，文冠樹精又走了回來，他小心翼翼地問道：「你剛才說的是死亡嗎？」

「對，我受了很重的傷，如果不能及時看醫生，很可能會死。」我誇張地說。

「請原諒，你看起來真的不像將要死亡的樣子。」文冠樹精說，「我見過我最好的朋友——另一棵文冠樹死亡時的樣子，那大約是一百年前了，也可能是更久以前。它渾身都枯萎了，沒有一點水分和顏色，而你看起來水分充足。」

「因為我是人類，不是植物。我們完全不同！」

「這一點兒我不知道。人類死亡的時候會是甚麼樣子呢？」

他還真問住我了，除了在電影裏，我也沒見過死人。我只好說：「你問這種問題很不禮貌，如果被我奶奶聽見

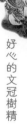

了，她肯定會狠狠地拍你的後腦勺。反正你不能走！除非你幫我找個人來。如果你把我一個人丟在這裏，我就死定了。」

「死亡的確是件令人悲傷的事情。」文冠樹精說，「我的朋友死去的時候，我悲傷得樹葉掉了一半。要知道，我們是同一天被種在故宮裏的。」

「所以你準備去幫我找人了？」我心中燃起了希望。

「不，我還是不能出現在人類面前，我是樹精，會嚇到他們。也許你找隻野貓或者烏鴉都會比我合適。」

他說得不是沒道理，如果一個樹精出現在我媽媽面前，估計她會立刻嚇暈過去。就算沒有暈過去，她也絕不會相信眼前這個怪人說的任何話。

突然，我想到了一個新主意。

「好吧，我不用你去幫我找人了。你是樹精，你一定有甚麼法力吧？」

他有些不好意思地說：「我剛剛學會化成人形，其他法術懂得還不是很多。」

「就算沒有法力也沒關係，你總是有力氣的。」我勉強抬起一隻胳膊說，「你能背得動我嗎？」

他走到我身邊，我剛剛把手臂搭到他肩膀上，他就摔倒了。文冠樹精狼狽地站了起來：「對不起，我一直不太

強壯。」

我倒吸了口冷氣，沒想到有這麼虛弱的樹精，看來不能指望他把我帶出這座荒涼的宮殿了。

「你剛才說，不能在人類面前出現，但總可以在神仙或者怪獸面前出現吧？」我問。

「當然，我們會經常碰面。」

「太好了。」我又重新燃起了希望，「那你幫我去找位神仙或者怪獸行嗎？天馬、嘲風、行什……只要能把我從這裏馱走，誰都行。」

「哪裏能找到你說的神仙或者怪獸呢？」他問。

「我不知道，也許在雨花閣，也許在狐仙集市，也可能在怪獸食堂。」我說。作為一個凡人，我怎麼可能知道怪獸或者神仙的蹤跡呢？

「我願意為你跑一趟。」文冠樹精說，「如果我能找到你說的怪獸，或者哪位能幫忙的神仙，我會把他帶來幫你。」

「謝謝你！」我衷心地說。

文冠樹精離開了。

我的腿疼得越來越厲害了，我的心裏也更加焦慮不安：文冠樹精能找到願意幫忙的怪獸或神仙嗎？萬一今天雨花閣、狐仙集市或者怪獸食堂裏都沒有一位神仙或者怪

獸呢？萬一今天所有的怪獸都在中和殿聚會呢？我怎麼會忘了說中和殿？我的運氣不會那麼糟糕吧？我想得越多，就越為自己的處境擔心。

時間一分一秒地過去，如果天亮前，文冠樹精還不回來，我就只能待在這裏碰運氣，看會不會偶爾有工作人員突發奇想到這座破敗的宮殿來看一看。但很可能在工作人員發現我前，我就被渴死了。

我稍微挪動了一下身體，想平躺下來歇一會兒。不料這個微小的動作卻觸動了我的腿傷，一陣劇烈的疼痛頓時讓我失去了知覺。

醒來後，我已經躺在了醫院的病牀上，手臂上扎着輸液管，透明的藥水正慢慢滴進我的手臂。媽媽站在我旁邊，滿臉擔心地看着我，她身邊是正在給我包紮的護士。

看到我醒了，媽媽一下子抓住了我的手：「能說話嗎？」

我點點頭。

「到底發生了甚麼事？你騎平衡車撞到牆上了嗎？」她焦急地問。

「是石頭上。你怎麼找到我的，媽媽？」

「我一回到西三所就發現你躺在院子中間，旁邊還有那輛被摔壞的平衡車。」媽媽回答，「我想你再也不想騎平衡

車了吧？」

我輕輕點了點頭。

文冠樹精到底是找到了哪位怪獸或神仙把我送回了西三所的院子裏呢？我猜不出來。

一個星期後，我終於出院了。我的腿上打着厚厚的石膏，活動全部依靠拐杖或者輪椅。為了方便照顧我，媽媽把我帶到了故宮，讓我躺在她辦公室的小牀上休養。楊永樂負責每天把學校的功課帶給我，雖然他經常自己都搞不清楚今天學了甚麼。

「到底是誰找到我的？」我問楊永樂。

「我昨天晚上剛去衍琪門外找過文冠樹精，他說是藥師佛救的你。」楊永樂說。

我大吃一驚：「我以為文冠樹精會找到一位怪獸……」

「那天晚上怪獸們正好在中和殿聚會，文冠樹精沒能找到他們。」

「他從哪裏請來的藥師佛？雨花閣嗎？」

「不，無論是在雨花閣還是在狐仙集市和怪獸食堂，他都沒找到有能力幫助你的神仙或怪獸。」

「我可真夠倒霉的。那他是怎麼做到的？」我更奇怪了。

「他回到了你身邊，發現你暈過去了，呼吸微弱。於

是，他做了個決定。他用文冠果的果油做了一盞長明燈。」

「我不明白。」

「文冠果的果油在佛教中被稱作神油，傳說用它點燃的長明燈可以讓佛祖顯靈。結果，藥師佛真的出現了，並救了你。」

我鬆了口氣：「原來是這樣，幸虧他帶着那枚果實。他本來是打算把它種在延慶殿的院子裏。不過沒關係，他只要再選一枚果實種下去就成了。」

「沒有那麼簡單。你沒聽說過，文冠樹是千花一果嗎？」楊永樂看着我說。

「沒聽說過。那是甚麼意思？」

「文冠樹初春開花，開時一樹繁花，從上至下，不下千朵，但秋天的時候，卻很少能結出果實。有時候一千朵花也不一定能結出一枚文冠果。而文冠樹精做燈油用的那枚文冠果，就是他今年結出的唯一果實。」楊永樂的語氣有點沉重。

「天啊！」我差點從牀上跳起來，「他本來打算用它種出新的樹苗……」

「沒錯，所以你應該好好謝謝文冠樹。」楊永樂輕輕把我按回到枕頭上。

傍晚的時候，在楊永樂的攙扶下，我來到了衍琪門

外。雖然每走一步，我都要費不少力氣，但我堅持要來這裏看看文冠樹。

它就依偎在假山旁邊，樹幹只有碗口粗，樹枝細細的，和旁邊茂盛的丁香樹相比，顯得特別瘦小。

我輕輕摸着它的樹幹：「對不起，讓你浪費了今年唯一的果實。」

文冠樹的葉子「沙沙」地響着。

「那有甚麼關係呢？」一個熟悉的聲音從樹幹裏傳出來，「只要有水和陽光，明年還會結出果實的。」

故宮小百科

西三所：西三所指的是頭所殿、二所殿、三所殿三座宮殿，它們位於慈寧宮東部。康熙二十六年（1687年），因為昭聖太皇太后（即我們熟知的孝莊太后）生前非常喜歡慈寧宮東部的五間新建宮殿，於是皇帝下旨將它們拆遷至孝陵附近。之後，人們在宮殿拆除後的基址上建造了頭所殿、二所殿、三所殿。三座殿均各成一院，自南向北排列。其中頭所殿在慈寧宮的正東；二所殿在大佛堂的正東；三所殿在東宮殿的正東。院內建築均覆灰色筒瓦。頭所殿以南，有一座排房，南北長、東西窄，位於東側的宮牆內，後來拆除改建為故宮博物院的職工浴室，2014年為消除安全隱患而拆除。

神仙院